Adobe InDesign
官方认证标准教材

主　编◎林　海　赵丽颖　刘玥明　张谡元　李园园

U0233009

清华大学出版社
北京

内 容 简 介

本书由 Adobe 专家委员会委员领衔编写，是 Adobe 系列中的 InDesign 分册。本书共分 14 章，内容包括认识 InDesign、通过一本画册了解 InDesign、InDesign 工作环境优化、InDesign CC 2020 新增功能、认识界面和工作区、文件管理、视图与辅助线的管理、图形的编辑与应用、图像的管理、文章与版式的编辑、表格的应用、图文排版、主页的编辑和应用，以及书籍的打印与发布等。

本书围绕出版物设计需求讲解软件功能，语言通俗易懂并配有图示，通过实践引导读者对理论知识与软件操作的掌握，适合各类读者学习与参考。

图书在版编目（CIP）数据

Adobe InDesign官方认证标准教材/林海等主编．—北京：清华大学出版社，2023.3
Adobe官方认证标准教材
ISBN 978-7-302-62815-6

Ⅰ．①A… Ⅱ．①林… Ⅲ．①电子排版－应用软件－教材 Ⅳ．①TS803.23

中国国家版本馆CIP数据核字（2023）第032168号

责任编辑：贾小红
封面设计：姜　龙
版式设计：文森时代
责任校对：马军令
责任印制：宋　林

出版发行：清华大学出版社
　　　　　网　　　址：http://www.tup.com.cn，http://www.wqbook.com
　　　　　地　　　址：北京清华大学学研大厦 A 座　　邮　　编：100084
　　　　　社 总 机：010-83470000　　　　　邮　　购：010-62786544
　　　　　投稿与读者服务：010-62776969，c-service@tup.tsinghua.edu.cn
　　　　　质量反馈：010-62772015，zhiliang@tup.tsinghua.edu.cn
印 装 者：三河市龙大印装有限公司
经　　销：全国新华书店
开　　本：185mm×260mm　　　印　　张：17.5　　　字　　数：413 千字
版　　次：2023 年 5 月第 1 版　　　　　　　　印　　次：2023 年 5 月第 1 次印刷
定　　价：89.80 元

产品编号：091047-01

▶ 丛 书 序

Adobe Systems 创建于 1982 年，是世界领先的数字媒体和在线营销方案的供应商。Adobe 的客户包括世界各地的企业、知识工作者、创意人士和设计者、OEM 合作伙伴，以及开发人员，Adobe 致力于通过数字体验改变世界，并通过革命性创新正在重新定义数字体验的可能性。

Adobe 致力于实现"人人享有创造力"，以帮助世界各地的客户实现他们创意故事并与世界分享所需的工具、灵感和支持。

Adobe Authorized Training Center（简称 AATC，中文：Adobe 授权培训中心）是 Adobe 全球官方培训体系服务机构，旨在为院校、企业、个人等提供符合 Adobe 标准的技术技能培训服务，让更多的人掌握 Adobe 技术技能，培训考试合格后获得相应证书，为客户创造价值。

这套由 Adobe 授权培训中心牵头并参与组织编写及开发的系列丛书和配套课程，经过精心策划，通过清华大学出版社、文森时代科技有限公司的通力合作，形成了这套标准系列丛书及配套课程视频，助力数字传媒专业建设和社会相关人员培养，也助力参加各类 Adobe 标准的技术技能认证考试的学员学习。

文森时代科技有限公司是清华大学出版社第六事业部的文稿与数字媒体生产加工中心，同时"清大文森学堂"是一个在线开放型教育平台，开设了各类直播课堂辅导，为高校师生和社会读者提供服务。

非常感谢清华大学出版社及文森时代科技有限公司组织创作的标准教材系列丛书及配套课程视频。

北京中科卓望网络科技有限公司

（Adobe 授权培训中心）

郭功清

▶ 前 言

　　Adobe InDesign 是用于印刷和数字媒体的业界领先的版面和页面设计软件，它的前身是早期印刷出版行业的经典设计软件 PageMaker，进化过程中集成了部分 Illustrator 的功能，并与其他 Adobe 设计软件无缝集成。Adobe InDesign 具备创建和发布印刷出版物、数字杂志、电子书、海报和交互式 PDF 等内容所需的一切功能。

　　本书共分 14 章。第 1 章"认识 InDesign"，介绍这款对出版行业具有划时代意义的设计软件的前世今生及应用领域。第 2 章"通过一本画册了解 InDesign"，主要以画册为例，围绕出版物设计对软件功能的需求，告诉读者如何学习 InDesign 对设计最有效。第 3 章"InDesign 工作环境优化"，主要介绍颜色管理、快捷键及首选项的设置，帮助读者更高效、准确地应用软件。第 4 章"InDesign CC 2020 新增功能"，主要介绍软件升级后的一些好用的新功能。第 5 章"认识界面和工作区"，讲解如何根据不同应用场景定制适合的工作区和个性化的操作界面。第 6 章"文件管理"，讲解创建、修改、保存和浏览不同类型出版物的方法。第 7 章"视图与辅助线的管理"，讲解视图的控制以及根据不同出版物版面格式化需求或图形设计的需求应用各类参考线的方法。第 8 章"图形的编辑与应用"，主要结合设计案例分别讲解图形创建、选择、编辑、对齐与分布、变换与运算、标准填充、渐变填充、颜色设置及图形效果的应用。第 9 章"图像的管理"，主要根据出版物设计对图像编辑的需求，讲解不同类型图像的置入与编辑方法、图框的应用、链接的管理等。第 10 章"文章与版式的编辑"，讲解文本的编辑、文章的导入与分栏、文章编辑器、字符样式与段落样式、自动目录的设置等。第 11 章"表格的应用"，通过案例讲解运用 InDesign 强大的表格功能创建、编辑、设置普通表格和个性化表格的方法。第 12 章"图文排版"，主要结合各种版式设计的需求讲解图文混排的各种方法与技巧。第 13 章"主页的编辑和应用"，主页就是母页，本章主要讲解利用主页管理子页内容、页眉页脚制作、自动页码设置等。第 14 章"书籍的打印与发布"，主要讲解书籍的创建与合并、印前检查、打包发布、互动 PDF 演示文稿制作等。

　　为方便读者更好、更快地学习 Photoshop，本书在清大文森学堂上提供了大量辅助学习视频。清大文森学堂是 Adobe Authorized Training Center（Adobe 授权培训中心）教材的合作方，立足于"直播辅导答疑，打破创意壁垒，一站式打造卓越设计师"的理念，为读者提供丰富的，融学习、考证、就业、职场提升为一体的，系统、完善的学习服务。具体内容如下：

　　■ 5 小时的配书教学视频，以及书中所有实例的源文件、素材文件和教学课件 PPT。

■ Adobe 软件技能的培训和考试服务。通过该报名端口可快速报名参加培训、考试，获得平面设计、影视设计、网页设计等行业证书。

■ UI 设计、电商设计、影视制作训练营，以及平面、剪辑、特效、渲染等大咖课。课程覆盖入门学习、职场就业和岗位提升等各种难度的练习案例和学习建议，紧贴实际工作中的常见问题，通过全方位地学习，可掌握真正的就业技能。

读者可扫描下方的二维码，及时关注，高效学习。

本书配套视频　　　扫码报名考试　　　清大文森设计学堂

在清大文森学堂中，读者可以认识诸多的良师益友，让学习之路不再孤单。同时，还可以获取更多实用的教程、插件、模板等资源，福利多多，干货满满，期待您的加入。

本书经过精心的构思与设计，便于读者根据自己的情况翻阅学习。以案例为先导，推动读者熟悉和掌握软件操作是本书的创作出发点。本书适合广大 Photoshop 初学者，以及有志从事平面设计、数字绘画、动画设计、图形设计以及影视制作等相关工作的人员使用，也适合高等院校相关专业的学生和各类培训班的学员参考阅读。如果读者是初学者，可以循序渐进地通过精彩的案例实践，掌握软件操作的基础知识；如果读者是有一定使用 Adobe 设计软件经验的用户，也将会在书中涉及的高级功能中获取新知。

由于编者水平有限，书中难免存在不妥之处，恳请广大读者批评、指正。

编者

▶ 目录

第 10 章　文章与版式的编辑　170

第 11 章　表格的应用　205

第 12 章　图文排版　232

第 13 章　主页的编辑和应用　259

第 14 章　书籍的打印与发布　264

第 1 章
认识 InDesign

1.1 InDesign 的前世今生

Adobe InDesign 通常被称为 InDesign，简称 ID，是 Adobe 公司推出的一款应用程序，主要用于印刷和数字媒体的版面和页面设计。该软件是针对 Adobe 的竞争对手 QuarkXPress 而发布的。下面对该软件进行具体介绍。

1.1.1 InDesign 的功能

与传统的排版软件相比，InDesign（图 1-1）是一款创新软件，不仅有功能强大且便捷的中文界面，还可以与其他 Adobe 专业设计软件（如 Photoshop、Illustrator、InCopy 等）无缝集成。InDesign 具备创建和发布书籍、包装、电子书、海报和交互式 PDF 等内容所需的一切功能。它可以制作出具有专业品质的彩色文档，用于高质量印刷；还可以以多种格式（如 PDF、HTML 等）导出 InDesign 文档并在各种电子设备（如智能手机、平板计算机等）上查看。

对于 InDesign 的初学者来说，要掌握本软件最好先掌握一些 Photoshop（图 1-2）或 Illustrator（图 1-3）软件的基本概念与使用方法。如果读者已经对 InDesign 有了一定的了解，则可以从本书中学到更多该软件的高级功能与技巧。大家在学习 InDesign 的时候可以多与自己已经掌握的软件相对比，如 Adobe Illustrator、Photoshop 和 QuarkXPress 等，通过不断的对比、总结很快就可以掌握 InDesign。

图 1-1　　　　　　　　　　图 1-2　　　　　　　　　　图 1-3

1.1.2 InDesign 的前生

Adobe 公司于 1994 年从 Aldus 公司收购了一款可以用来制作高品质出版刊物的排版软件 PageMaker（图 1-4）。作为最早的桌面排版软件，PageMaker 功能全面、操作简便，用户可以快速入门，因此取得过不错的业绩。但后期在与 Quark 公司推出的版面设计软件 QuarkXPress 的竞争中一直处于劣势。于是 1999 年 Adobe 公司针对其竞争对手 QuarkXPress 发布了一款新的排版软件 InDesign。

图 1-4

2004 年，Adobe 公司将 InDesign、Photoshop、Illustrator、GoLive 和 Acrobat 组成 Creative Suite 联合推出，形成了一套完整的用于设计和出版的软件集合。Adobe 公司在推出 InDesign CS 后不久，由于 PageMaker 的核心技术相对陈旧，因此在 7.0 版本之后停止了对 PageMaker 的开发，全面转向 InDesign。于是 InDesign 成为 PageMaker 的"继承者"。为了让 PageMaker 的用户顺利转向 InDesign，Adobe 公司提供了一套 PageMaker Plug-in Pack（简称 PM Pack），将 PM Pack 和 InDesign 一起销售，称为 InDesign PageMaker Edition。

1.1.3　InDesign 的同类软件

1．PageMaker

PageMaker 是由 Aldus 公司于 1985 年推出的一款排版软件，1994 年被 Adobe 公司收购。其优势在于能处理大段长篇的文字及字符，并且可以处理多个页面，能进行页面编码及页面合订。

2．方正飞腾

方正飞腾（FanTart）是北大方正电子有限公司研发的一款集图像、文字和表格于一体的综合性排版软件。它具有强大的图形图像处理能力、人性化的操作模式、顶级中文处理能力和表格处理能力，能出色地表现版面设计思想，常用于图文排版。

3．方正书版

方正书版软件是北大方正电子有限公司研制的一款用于书刊排版的批处理软件。方正书版多用于纯文字排版，它的批处理功能可以对书刊排版中的内容和格式进行批次处理，从而减少工作量。

4．QuarkXPress

QuarkXPress（图 1-5）是 Quark 公司研发的一款排版软件，被用来制作手册、杂志、书籍、报纸、包装、手册、刊物、传单等。但由于 QuarkXPress 针对不同的语言有不同的版本，且各版本之间不能互相交换文件，对于中文版本的开发也存在着一些局限性，所以操作起来不十分方便。但不可否认，它是一款经典的排版软件。

图 1-5

1.1.4　为什么要用 InDesign

Adobe Illustrator 是 Adobe 公司推出的一款基于矢量的图形制作软件，该软件可以应用于插画制作、书籍排版、多媒体图像处理和互联网页面制作等。

CorelDRAW（图 1-6）是加拿大 Corel 公司推出的平面设计软件；该软件是一款矢量图形制

作工具，主要用于矢量动画制作、页面设计、网站制作、位图编辑和网页动画等。

　　Adobe Illustrator 和 CorelDRAW 是两款图形设计软件，虽然也能用于排版，但主要功能是矢量图形制作，对于排版而言，InDesign 更加专业。InDesign 链接文件占用空间小、刷新速度快、多页的文档打开速度快，可轻松应对页面较多的排版。Adobe Illustrator 和 CorelDRAW 只能应对页面较少的排版，且主页功能设置更偏向于图形制作，专业性较弱。

图 1-6

　　总而言之，在排版方面 InDesign 效率高、操作速度快、文件占用空间小、颜色印刷以及网络出版功能强大、主页功能成熟且人性化。

1.2　InDesign 的应用领域

　　InDesign 在平面设计中的应用非常广泛，覆盖杂志版式设计、书籍版式设计、画册版式设计、电子书设计等。

1.2.1　杂志

　　对于杂志来说，排版是非常重要的环节，丰富的版式更能吸引消费者。杂志分为综合性期刊与专业性期刊两大类，不同种类的杂志排版风格迥异，但整体而言，杂志的排版相对其他纸质媒介更加灵活、丰富，如图 1-7 所示。

图 1-7

1.2.2　书籍

　　版式设计是书籍设计的核心，可以展现书籍所要传达的内容。书籍排版应该注意以下几个原则：整体统一原则、方便阅读原则和鲜明个性原则。好的版式应该体现出易读性、易识性、整体性和艺术性，如图 1-8 所示。

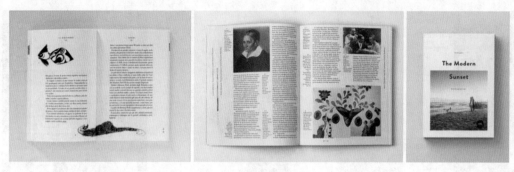

图 1-8

1.2.3　画册

画册是一种图文并茂的传达方式，与相对于单一的文字或图册不同，画册更加清晰明了，所以画册的排版至关重要。合理地安排文字与图画的位置，让读者一目了然，是一本画册成功的关键，如图 1-9 所示。

图 1-9

1.2.4　宣传册

宣传册包含的内容非常广泛，宣传册的设计包括封面、封底、环衬、扉页、内文版式等。

宣传册的设计讲求一种整体感，所以对宣传册的排版需要一种把握力，如图 1-10 所示。

图 1-10

1.2.5 报纸

报纸的发行量大，涉及人群广，其排版直接影响宣传效果。报纸的排版可以塑造品牌形象，如图 1-11 所示。

图 1-11

1.2.6　电子书

电子书是书籍发展的新媒介，是从传统纸质媒介走向现代媒介的代表。电子书的排版与纸质书不同，电子书的排版不需要考虑印刷成本，所以排版可以更加灵活，如图 1-12 所示。

图 1-12

第 2 章

通过一本画册

了解 InDesign

一本书籍的内容由封面、封底、书脊、环衬、扉页、目录、版权页、页码、书眉、正文页组成。

2.1　封面与书脊

封面又叫书皮或封一，指一本书在平放时的第一页。封面记载书名、著作者名、出版社等信息。封面的设计主要包含字体、图形以及色彩设计。在如今琳琅满目的书籍中，精美的、有特点的封面设计可以起到抓人眼球的作用。

封底也叫"封四"或"底封"，指一本书的最后一页，通过书脊与封面相连。为保证视觉效果的连贯性，一般将封面的设计风格延续到封底。此外，封底还可放置条形码、定价、出版社信息等内容。

书脊即书的脊背，是封面和封底的连接处，一般印有书名、作译者名、出版单位名等。当书本放置在书架上展示时，人们只能看到书脊上的内容，所以书脊的设计至关重要。一般情况下，应将封面、封底、书脊一同设计完成，如图 2-1 所示。

图 2-1

2.1.1　建立出版物

新建文档是使用 InDesign 必不可少的操作，也是初始操作。双击打开 InDesign 软件后，可以在"欢迎"窗口选择"新建文档"命令。新建文档主要涉及文档的页数、页面大小、出血位、边距和分栏等的设置。下面以创建常见的画册文档规格为例，介绍新建文档的方法。

新建文档"榫卯画册"，如图 2-2 所示。设置参数如下。

尺寸为 210 毫米 ×285 毫米，方向为竖版，页面数为 10，对页显示，出血线为 3 毫米。

图 2-2

单击"边距和分栏"按钮，弹出"新建边距和分栏"对话框，单击取消选择"将所有设置设为相同"按钮▣。设置分栏上边距为18毫米，下边距为20毫米，内边距为15毫米，外边距为13毫米，"栏数"为2，"栏间距"为5毫米，"排版方向"为水平，如图2-3所示。单击"确定"按钮建立空白文档。

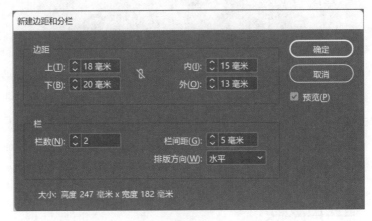

图 2-3

2.1.2 辅助线的重要性

版面是零散元素的组合，设计师在使用 InDesign 排版过程中，经常会利用一些辅助线来规范页面，控制图文间距和元素的摆放位置。常见的辅助线有标尺、边距和分栏、基线网格等，如图 2-4 所示。熟练运用辅助线可以统一页面元素、确认版心位置，梳理信息层次，提升版面的理性和逻辑关系，减少视觉误差，体现设计专业度。

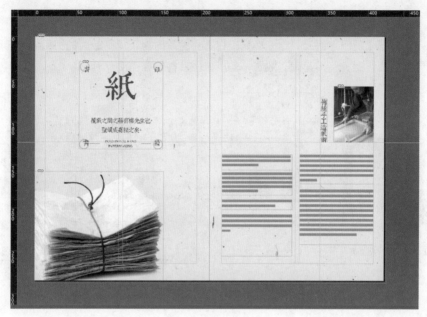

图 2-4

2.1.3　字体设计和图像的管理

书籍杂志等的排版是一项综合性的设计工作，在设计时会经常用到文字、图形图像等元素，甚至对某些需要突出强调的文字，还会专门进行字体的设计。图与文的结合使版面效果更加丰富、有设计感，也能够提高读者的阅读体验，如图 2-5 所示。

图 2-5

2.2 封二封三

封二也叫封里或里封，是指封面的背面。封三也叫封底里或里底封，是指封底的内页，如图 2-6 所示。一般情况下，封二、封三多是空白页。但有时为了提高版面的利用率，增加收益，期刊往往会将封二、封三利用起来，放置一些广告图片等，如图 2-7 所示。

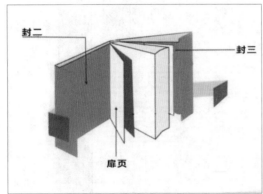

图 2-6   图 2-7

2.2.1 管理页面

书籍、画册等的设计属于多页面的设计工作，繁多的页面需要用户合理地进行管理，如增加、删除、移动页面等。一般情况下，可以在"页面"面板中对页面进行管理。具体操作如下，选择菜单栏中的"窗口→页面"命令，弹出"页面"面板，如图 2-8 所示。

图 2-8

2.2.2 文档的预制

对于同一期刊、报纸或同一系列的书籍，其文档尺寸、页面边距和分栏数等都有相对固定的格式，如果能掌握文档的预制，将这些文件进行事先设置并存储成模板，在需要时直接调用就会大大节省时间，提高工作效率。

【执行操作】

选择"文件→文档预设→定义"命令，在"文档预设"对话框中单击"新建"按钮，如图 2-9 所示。

在弹出的"新建文档预设"对话框中输入文档名称，对尺寸、页数、边距、栏数以及出血线等参数进行设置，单击"确定"按钮，如图 2-10 所示。

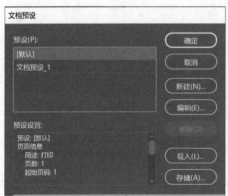

图 2-9   图 2-10

后期如果想建立一个与预设好的尺寸内容相同的文件，只需选择"文件→文档预设"命令，找到相应的文件名即可直接建立，如图 2-11 所示。

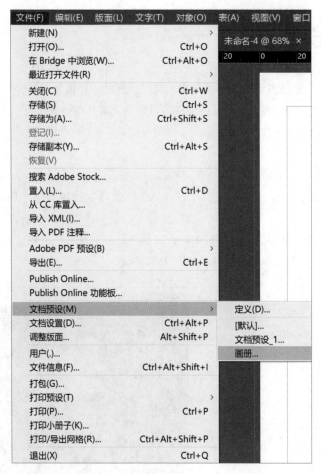

图 2-11

2.3 扉页

扉页指书本翻开后的第一页，一般印有书名、作译者名、出版社信息等。有的扉页使用和正文一样的单色印刷，也有的会使用特种纸或多色印刷，以此来体现书籍的质感。

2.3.1 扉页的烫印工艺在软件中如何体现

专色是指在印刷时，使用专门的特定油墨来印刷该颜色的情况。有时为了体现书籍、画册的质感，让印刷后的成品更有设计感，会在扉页等位置使用特种纸或烫金、烫银等特殊印刷工艺，如图 2-12 所示。在通常情况下，会在设计稿中使用颜色面板作专色版，通过这种方式来表现设计的特殊性，也更方便在印刷过程中进行识别。

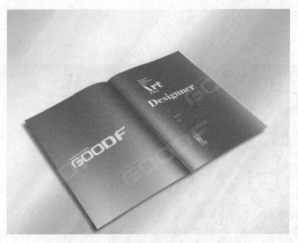

图 2-12

"色板"面板是重要的颜色编辑面板，其中包含的选项设置较为复杂。

【执行操作】

选择"窗口→颜色→色板"命令，或按快捷键 F5，弹出"色板"面板，如图 2-13 所示。

图 2-13

- 色调：用于调整专色或印刷色的色调。
- 无：该色板可以移去对象中的描边或填色。该色板不能移去或编辑。
- 套版色：该色板是使对象可在 PostScript 打印机的每个分色中进行打印的内建色板。
- 纸色：纸色是一种内建色板，用于模拟印刷纸张的颜色。纸色仅用于预览，它不会在打印机上打印，也不会通过分色来印刷。
- 黑色：该色板是内建的使用 CMYK 颜色模式定义的 100% 印刷黑色。

单击"色板"面板右侧的菜单按钮，在弹出的下拉菜单中选择"新建颜色色板"命令，如图 2-14 所示。

图 2-14

弹出"新建颜色色板"对话框，在"颜色模式"下拉列表框中选择专色色值、色彩模式等，设置好的专色将以色板保存在"色板"面板中，这样在设计和创作过程中，可以便捷地从色板中选定颜色直接使用，如图 2-15 所示。

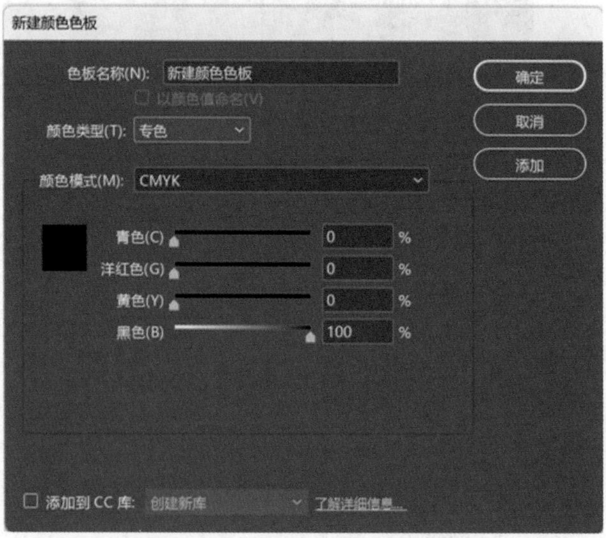

图 2-15

2.3.2　颜色管理

1．色彩模式

色彩模式是数字世界中表示颜色的一种算法。在数字世界中，为了表示各种颜色，人们通常将颜色划分为若干分量。

RGB 和 CMYK 都是描述颜色的一种方法，如图 2-16 所示。

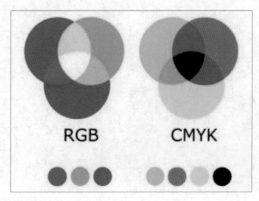

图 2-16

RGB 和 CMYK 的主要区别如下。

RGB 是加色色彩模式，即几种颜色混合得到另一种颜色。RGB 模式使用红色（R）、绿色（G）、蓝色（B）发光三色相叠加来产生青、洋红、黄以及更多的颜色。所以可以通过显示屏等自发光的物体感知 RGB 模式色彩。因此，在进行网页等数字媒体类设计时，需要将色彩模式设置成 RGB 颜色。

CMYK 是一种减色的色彩模式，使用青（C）、品红（M）、黄（Y）、黑（K）4 种颜料相互作用，减去某种颜色生产更多的颜色。由于油墨有吸光性，因此 CMYK 要依靠反光，也就是在有外界光源的情况下才能被看到。CMYK 模式主要用于印刷，所以在设计书籍、画册等印刷品时更多地被采用。

总而言之，RGB 是显示器显示的颜色，而 CMYK 是印刷用的颜色。RGB 模式的设计图在转为 CMYK 模式时颜色会变灰，而只依靠显示器来预览 CMYK 的设计图，色彩显示也是不准确的。

2．颜色设置

为了能够更加准确地使设计图颜色适用于印刷或移动端等不同设计的需求，InDesign 颜色设置工具提供了打印或移动端设计时所需的不同颜色，可以选择"编辑→颜色设置"命令，在"颜色设置"对话框中根据不同用途进行颜色设置，如图 2-17 所示。

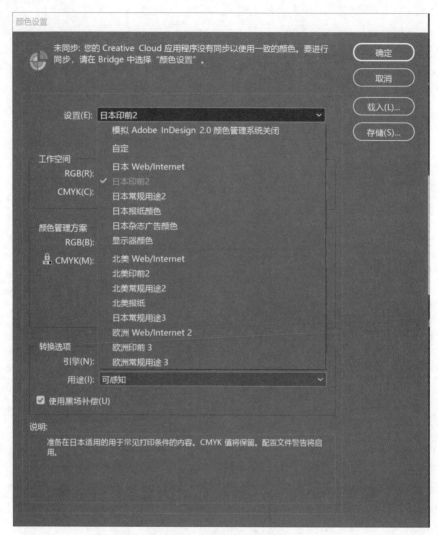

图 2-17

【执行操作】

选择"编辑→颜色设置"命令，弹出"颜色设置"对话框，如图 2-18 所示。在默认状态下，颜色设置为"日本常规用途 2"，适用于数字媒体出版。"日本印前 2"适用于印刷出版。此外，还可以根据印刷介质的不同对"工作空间"进行选择。

- 要膜，如铜版纸纸张印刷，可设置工作空间为 Japan Color 2001 Coated。
- 不要膜，如胶版纸纸张印刷，可设置工作空间为 Japan Color 2001 Uncoated。
- 新闻纸，可设置工作空间为 Japan Color 2002 Newspaper。

〰 注意 〰〰〰〰〰〰〰〰〰〰〰〰〰〰〰〰〰〰〰〰〰〰〰〰

将光标悬停在"颜色设置"对话框中的各个选项上，可在下方"说明"栏中查看该选项的作用描述。

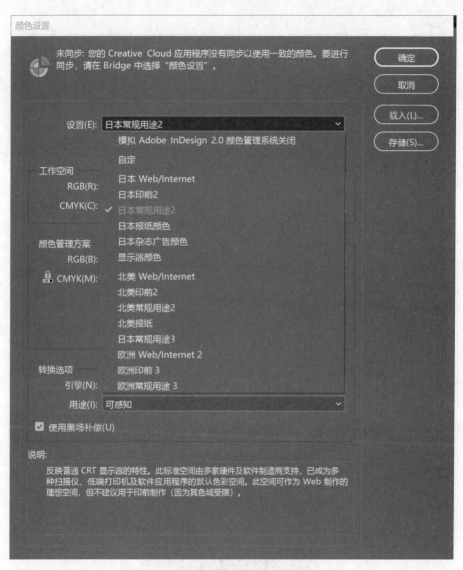

图 2-18

2.4 目录

目录页通常用在篇幅比较长的书籍中，放在扉页或前言的后面。它通常用于概括一本书的全部内容，可以帮助读者快速了解和查阅全书的内容信息。

在书籍排版的过程中，有时会遇到页数比较多的情况，这时如果手动输入目录会极大地延长工作时间。在 InDesign 软件中，可以借助自动生成目录和索引功能，自动生成目录和索引。

目录一般直接从文档中提取并可以随时更新，还能对同一书籍的多个文档进行编辑。

选择"版面→目录"命令可以自动创建目录，如图 2-19 所示。

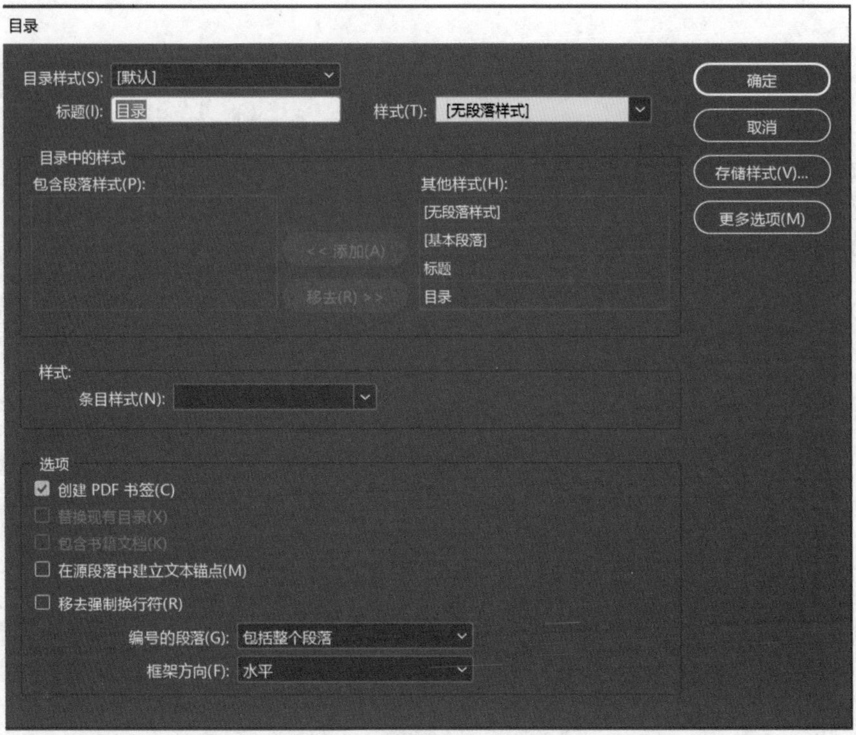

图 2-19

选择"窗口→文字和表→索引"命令可以自动创建索引，如图 2-20 所示。

图 2-20

具体操作流程将在后续章节中进行介绍。画册目录图片如图 2-21~ 图 2-23 所示。

图 2-21

图 2-22

图 2-23

2.5　内页编排设计

内页的编排设计是制作一本书的基础和重点，也是整本书的精华所在。良好的内页设计能够清晰地传递信息，给读者提供合理的阅读体验，所以内页中文字、图案的编排与设计显得尤为重要，如图 2-24 所示。

图 2-24

2.5.1　页眉页脚

　　在电子文档中，一般称每个页面的顶部区域为页眉、底部区域为页脚。页眉页脚常用来放置页码、书名、章节标题等。不论是书籍还是期刊，虽然根据内容和设计风格的不同，页眉页脚的设计风格及元素使用会有很大差别，但是页眉与页脚的位置往往都是固定的，如图 2-25 所示。

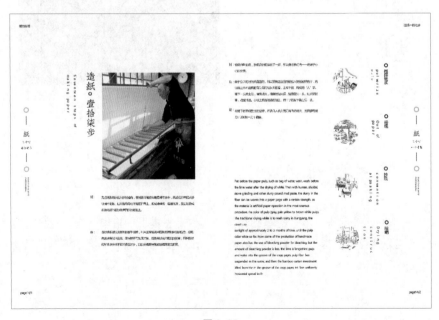

图 2-25

2.5.2　章前页设计

　　章前页往往排在每章首页的位置，是对即将开始的新篇章的概括性总结，起着承上启下的作用。章前页可以放置一些与章节相关的图片、导言等，设计上主要以信息直观、简洁为主，如图 2-26 所示。

图 2-26

2.5.3　分栏

　　在文字内容较多、段落过长的情况下，读者在阅读的时候难免会出现看跳行的情况，这会极大地降低阅读效率，影响阅读体验。通常，每行的文字字数不宜超过 21 个。遇到文字内容较多的情况，如果能够适当地进行分栏，将同一版面内的文字分成两个甚至多个文字块，就会避免看跳行的情况，易于阅读，如图 2-27 所示。

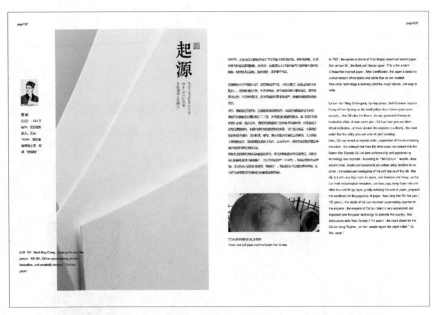

图 2-27

2.5.4 图形界面设计

排版设计的过程就是使文字信息条理更加清晰、层级更加明确的过程。单纯的文字排版有时会有单调乏味的感觉，也无法满足设计的需要，这时可以借助矢量图形，利用色块来分割页面。灵活地使用图形将为设计增光添色，如图 2-28、图 2-29 所示。

图 2-28

图 2-29

2.5.5　图像的管理

　　书籍、杂志的设计是图形、图像和文字等各种元素的总和。在 InDesign 排版中，除了文字，还会使用各种图像来增加版式的可读性和美观性，如图 2-30、图 2-31 所示。

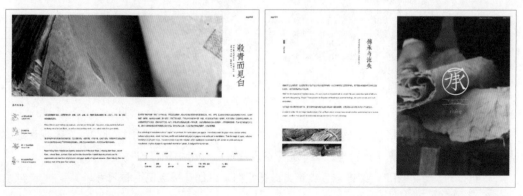

图 2-30　　　　　　　　　　　　　　　　　　图 2-31

　　可以选择"文件→置入"命令，在"置入"对话框中按住 Shift 键选中多个图像进行一次性置入，如图 2-32、图 2-33 所示。

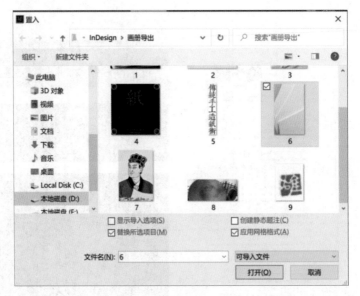

图 2-32

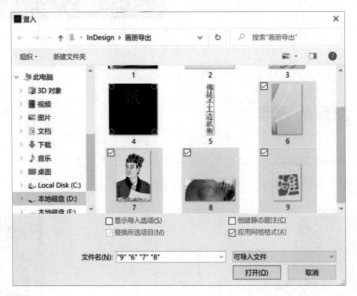

图 2-33

在排版过程中会用到很多图形和图像，有些图形或图像还会在页面设计中反复出现。这时就可以通过"库"对图像进行管理，缩减元素在反复置入过程中耗费的时间。

库可以对文字、图形、图像等各类元素进行归档，以便在下次使用时调用。

【执行操作】

选择"文件→新建→库"命令。创建的库文件并不包含在当前文档中，而是一个单独的文件，如图 2-34 所示。

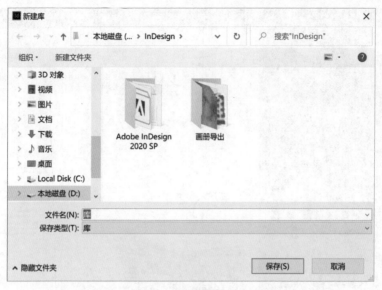

图 2-34

给库起一个专用的名字，可以按照书籍名称来命名，也可以根据元素的归类进行命名。重命名文件后单击"保存"按钮，将库文件保存到想要存储的本地磁盘中。库文件将在本地磁盘中以单独的文档形式存在，如图 2-35 所示。

图 2-35

返回操作界面，会发现库文件已经存在，但是里面的内容是空的，这时只要选中要存储的图片并将其拖入面板即可，如图 2-36 所示。

图 2-36

同时，还可以根据存储图片的性质对其进行归类。双击该图片，在弹出的对话框中修改"项目名称""对象类型"以及相关说明，以便对图片进行查找，如图 2-37 所示。

图 2-37

存储到库文件的图像在下次使用时，只要在库文件面板内将图片拖曳出来即可马上使用。

正如上面讲到的，库文件除了可以对矢量图形、图像进行存储，还可以对文字等元素进行存储。灵活使用库文件将极大地提高工作效率。

2.5.6　文章的编辑

考虑到阅读习惯和版式的美观性等问题，排版处理中需要注意的事项如下。

标点符号不要出现在段首。标点符号的作用是"断句"，让读者知道这个地方需要停顿，并接受疑问、感叹等情感信息，因此句尾的标点符号必须紧跟句尾最后一个字，才不会造成理解困难甚至造成误读、误解。如果一行字的最后一个字正好是句尾，却将标点符号打到下一行，读者目光在换行的瞬间，会有一个阅读心理上的空白，会感觉很累，很容易疲倦。

段尾不要出现孤字的情况。所谓的孤字就是段尾单独一个标点或文字占一行的情况。

上述情况可以通过缩小字间距或将字偶间距改为"视觉"进行调整。

2.5.7　图文混排

在对文字进行排版时，常常需要配上一些图片。InDesign 提供了多种方式，让图文混排变得极其灵活。

【执行操作】

在 InDesign 文档中插入图片，选择"文件→置入"命令或按快捷键 Ctrl+D，插入后的图片会被默认放置在一个矩形框架中。

如需要其他图形框架，可在左侧工具栏中选择椭圆或多边形框架进行绘制，然后选中绘制的框架置入图片。这样放置于框架中的图片形状将由所绘制的图形框架决定，如图 2-38 所示。

在默认情况下，单击"无文本绕排"按钮■，将图片和文字放在一起，会出现重叠现象。要想实现"文本绕排"效果，可以选择"窗口→文本绕排"命令，系统弹出"文本绕排"面板，如图 2-39 所示。

图 2-38

图 2-39

- 沿定界框绕排 ：文字以矩形形状绕排在图片周围，文字框架形状不受影响，如图 2-40 所示。文字与图片之间可以通过"位移"设置间隔距离。

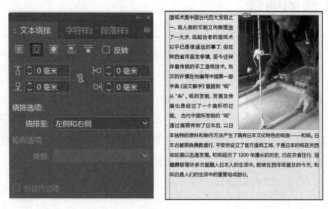

图 2-40

- 沿对象形状绕排 ：文字都沿着框架形状绕排在图片周围，如图 2-41 所示。

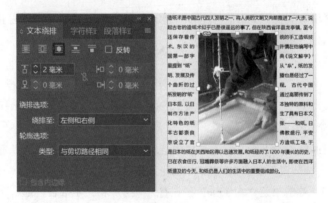

图 2-41

- 上下型绕排 ：文字只绕排在图片的上面和下面，左右两边没有文字绕排，如图 2-42 所示。

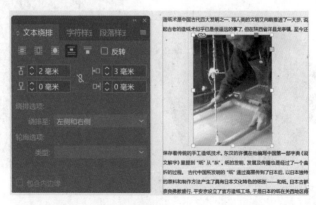

图 2-42

- 下型绕排▣: 文字只绕排在图片的上面, 下面和左右两边没有文字绕排, 如图 2-43 所示。

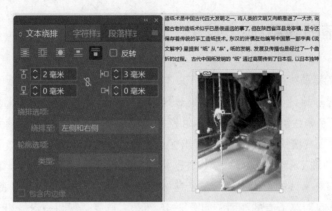

图 2-43

注意

置入页面中的图片都是以链接的形式显示的。删除页面中的图片, 保存在计算机中的图片不受影响; 而删除计算机中的图片, 页面中的图片则不能正常显示。

2.6　拼版

大度对开拼版, 把大度 16 开拼到大度对开上。要做个辅助线网格, 需要使用参考线。会用到不同的辅助线、网格、栏线等, 如图 2-44 所示。

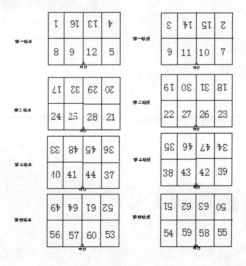

图 2-44

2.6.1　辅助线系统

InDesign 中的辅助线系统可以方便对齐文本和图形。辅助线主要用于对版面进行整体布局，是设计出好作品的基础。在绘制图形时辅助线是一个十分重要的工具，可以通过创建辅助线、精确定位、更改颜色来绘制出精度高的图形和整齐美观的版面。要创建标尺参考线，可选择"视图→显示标尺"命令或按快捷键 Ctrl+R，调出标尺，建立标尺参考线。

鼠标移动至 X 轴（横向）标尺处，按住鼠标左键向下拖曳，即可得到一条标尺参考线，该参考线仅在创建该参考线的页面上显示。若在鼠标拖曳时同时按住 Ctrl 键，即可得到一条跨页参考线，此参考线可跨越所有的页面，如图 2-45 所示。选择"视图→网格和参考线→显示 / 隐藏参考线"，可隐藏参考线。

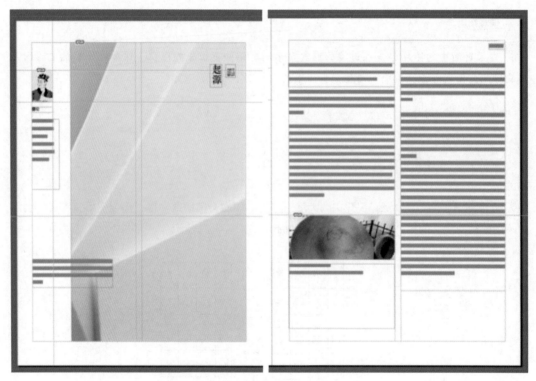

图 2-45

2.6.2　合并书籍

在书籍设计过程中总会遇到要将多个文件合并成一个文件的情况。对文件进行整合有以下两种方法。

【执行操作】

选择"文件→新建→书籍"命令，在"新建书籍"对话框中选择要保存的本地磁盘位置及文件名称，如图 2-46 所示。

图 2-46

单击"保存"按钮后返回操作面板，会出现一个浮动面板。单击浮动面板右上角的菜单按钮，在弹出的下拉菜单中选择"添加文件"命令，在弹出的面板中选择要添加的文档即可将多个文档整合成一个文件，如图 2-47 所示。

图 2-47

书籍工具可以自动统一所选文档的颜色及段落样式，但是书籍工具更适合整合罗马文字的文档，对中文文档的适应性不是很好，并且需要较高的计算机配置，否则容易出现死机的情况。这时还可以使用第二种方式对文档进行合并。

【执行操作】

打开所有要合并的文档，打开"页面"面板，检查并修改各个文档主页名称，保证各文档主页名称不一致，如图 2-48 所示。

单击"页面"面板右上角的菜单按钮，在弹出的下拉菜单中选择"移动页面"命令，在弹出的"移动页面"对话框中设置"移动页面"为"所有页面"，"目标"为"文档末尾"，在"移至"下拉列表框中选择要移动到的文档名，如图 2-49 所示。

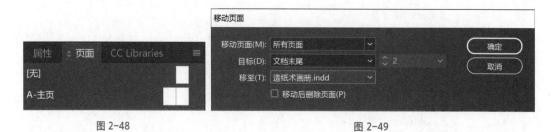

图 2-48   图 2-49

注意

如果要合并的文档主页名称一致，则移动后文档主页将被合并替换，出现文档合并错误。

要修改主页名称可右击"页面"面板上的主页，在弹出的下拉菜单中选择"'A- 主页'的主页选项"命令，在弹出的对话框中对主页名称进行修改，如图 2-50、图 2-51 所示。

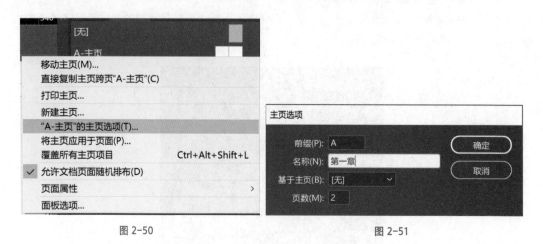

图 2-50   图 2-51

2.6.3　统一页码

合并后的文档页码顺序无法统一，这时就需要进行一些设置来对页码进行统一。

【执行操作】

在"页面"面板中选中要调整的页面右击，在弹出的快捷菜单中选择"页码和章节选项"命令，在"页码和章节选项"对话框中取消选中"开始新章节"复选框，单击"确定"按钮，如图 2-52 所示。

图 2-52

2.7　输出印刷

画册排版完成并校对无误后，即可开始对文档进行输出印刷。后期印刷需要把文档导出为 PDF 格式。这里简单介绍输出过程中涉及的几个重要选项，其他选项将在后续章节中进行更详细的介绍。

【执行操作】

选择"窗口→实用程序→后台任务"命令，如图 2-53 所示。

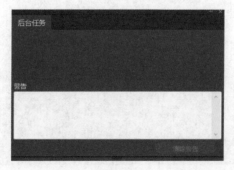

图 2-53

选择"文件→导出"命令或按快捷键 Ctrl+E，在弹出的"导出"对话框中选择导出文档的存储位置并输入文件名，注意选择保存类型为"Adobe PDF（打印）"，单击"保存"按钮，如图 2-54 所示。

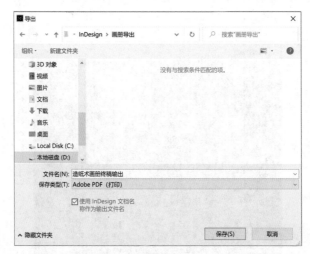

图 2-54

在弹出的对话框中，针对打印输出进行以下预设。

1．常规

Adobe PDF 预设："印刷质量"适用于印刷打印，"最小文件大小"适用于低精度小文件输出，如图 2-55 所示。

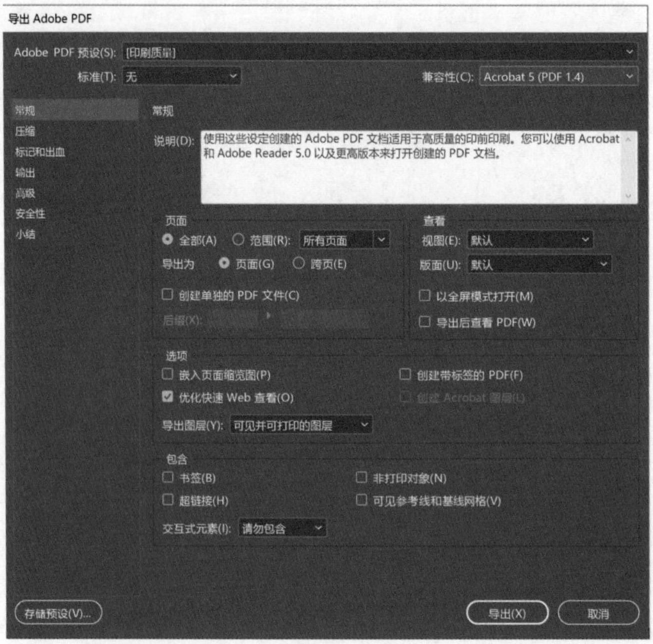

图 2-55

- 兼容性：适用于文档设计过程中透明度设置较多的情况，可选择以最高版本兼容性进行输出。否则不需要进行特别设置，选择默认选项即可。
- 页面：可选择全部导出或指定页面范围进行导出。
- 导出为：选择"页面"，以单页的形式导出；选择"跨页"，以对页的形式导出，两个跨页将以整页的形式输出。一般情况下以单页的形式导出，方便印刷拼版。

2．压缩

压缩预设针对彩色图像、灰度图像、单色图像分别提供了压缩方案供用户选择，如图 2-56 所示。以彩色图像数值为例，图中数值表示，若彩色图像分辨率高于 450 像素 / 英寸，则输出时自动压缩为 300 像素 / 英寸。这样在传输文件、存储文件、解析文件的过程中，一个较小的文件将会极大地提高工作效率。

- 压缩文本和线状图：对文字进行压缩。
- 将图像数据裁切到框架：选中该复选框后，若文档内有使用框架对图像进行裁切的图像，框架外图像将不会显示。

在一般情况下，以下选项默认为选中状态，如图 2-57、图 2-58 所示。

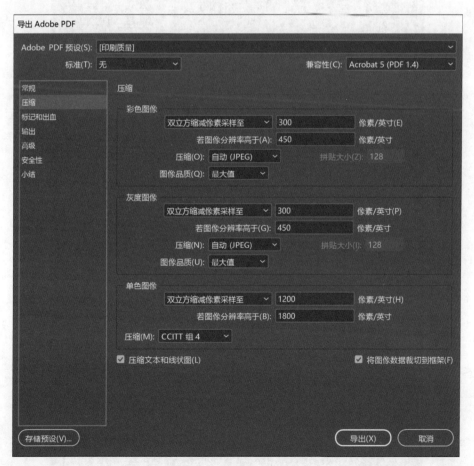

图 2-56

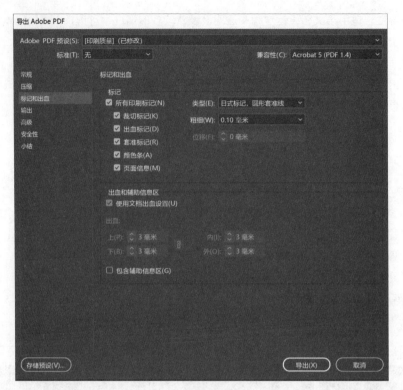

图 2-57

图 2-58

　　选项设置好后单击"导出"按钮,导出过程将在"后台任务"中显示。如果导出过程有任何问题,将在 "警告" 栏中显示, 如图 2-59、图 2-60 所示。

图 2-59

图 2-60

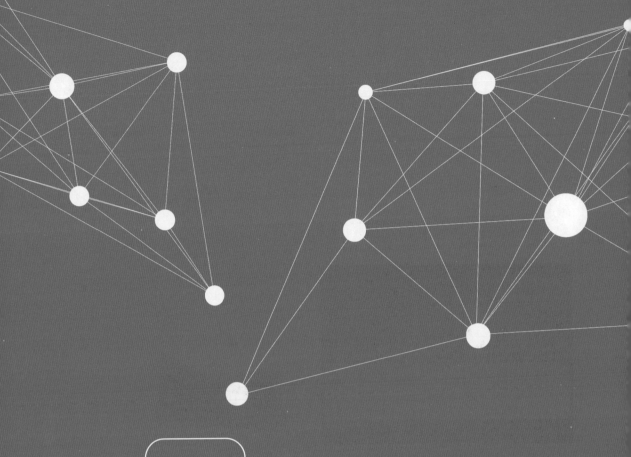

第 3 章

InDesign 工作环境优化

每个用户都可能拥有不同的操作习惯，为此，InDesign 提供了自定义工作环境和默认值的设定。掌握工作环境的优化可以使工作更加高效。

3.1　颜色设置

用户可根据个人偏好进行操作界面外观颜色设置，InDesign 提供了从黑色到白色不同的外观颜色。

【执行操作】

InDesign CC 2020 版提供了深色、中等深色、中等浅色、浅色 4 种不同的颜色主题。选择"编辑→首选项→界面"命令，弹出"首选项"对话框，如图 3-1 所示。在左侧栏中选择"界面"选项，在右侧的"外观"选项组中可以设置"颜色主题"，选择由浅色到深色的不同界面颜色。

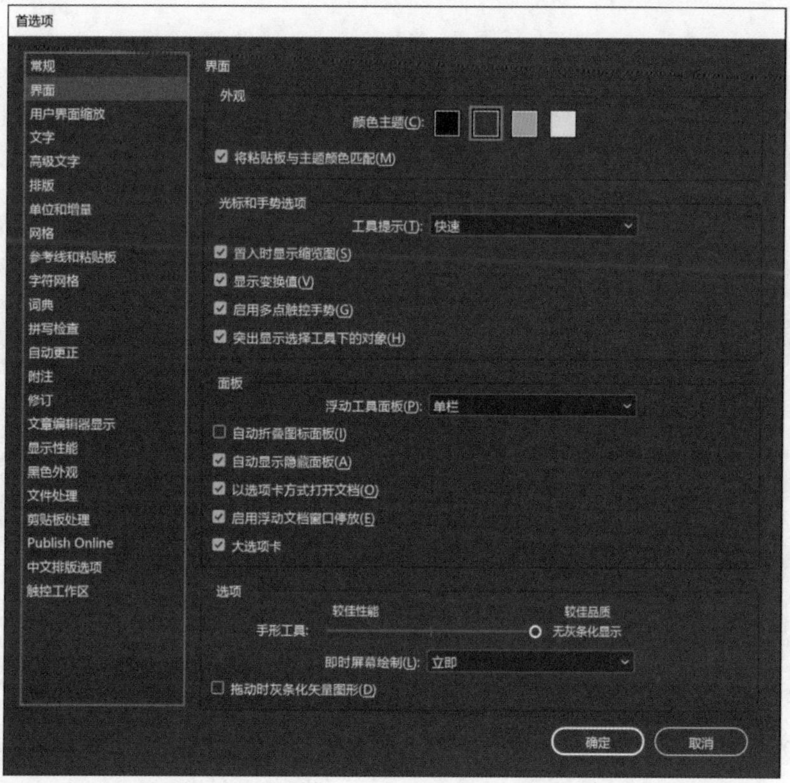

图 3-1

~~~ 注意 ~~~

在演示文稿模式下可利用快捷键调节背景颜色。W 可将背景色调整为白色，G 可将背景色调整为灰色，B 可将背景色调整为黑色。

3.2 设置菜单

InDesign 提供了自定义菜单功能，用户可以选择"编辑→菜单"命令进行编辑。通过自定义菜单可设置隐藏某些菜单选项，或通过改变菜单颜色突出常用命令。自定义菜单设置更像是一种对软件的个性化设置，可以根据个人的工作习惯有针对性地订制工作区域，使软件操作更有条理。

【执行操作】

隐藏菜单中的部分功能。选择"编辑→菜单"命令，在弹出的"菜单自定义"对话框中关闭要隐藏的菜单命令右侧的眼睛图标，单击"确定"按钮。重新打开编辑菜单，隐藏的菜单命令不可见，如图 3-2 所示。

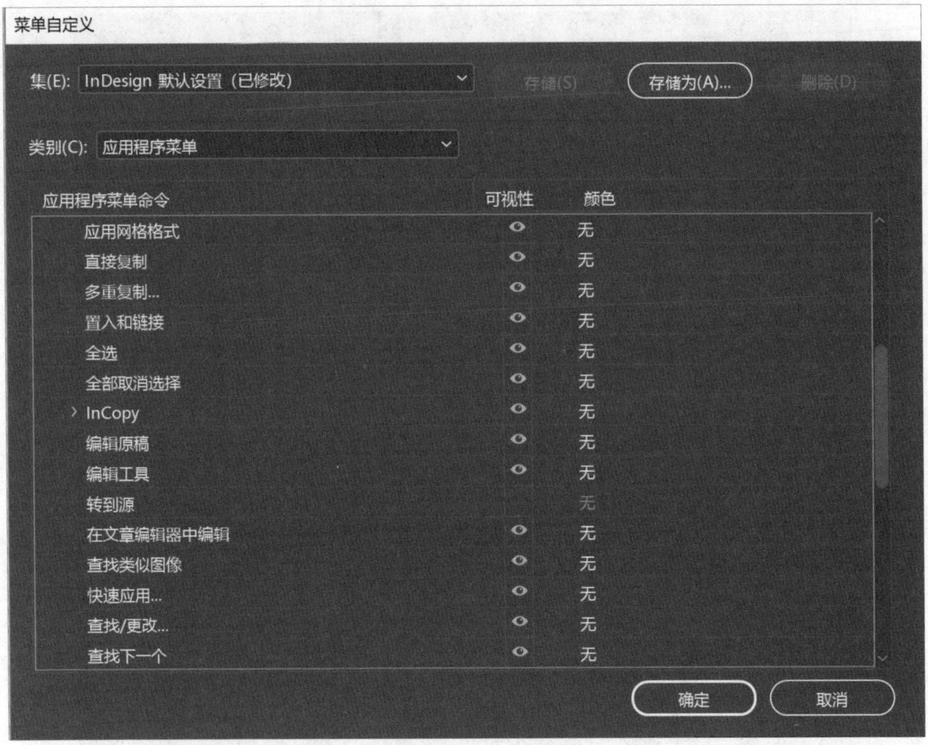

图 3-2

注 意

隐藏后的菜单功能仍然可以继续使用，如果要找回已经隐藏的菜单命令，可以选择"编辑→显示全部菜单项目"命令，如图 3-3 所示。

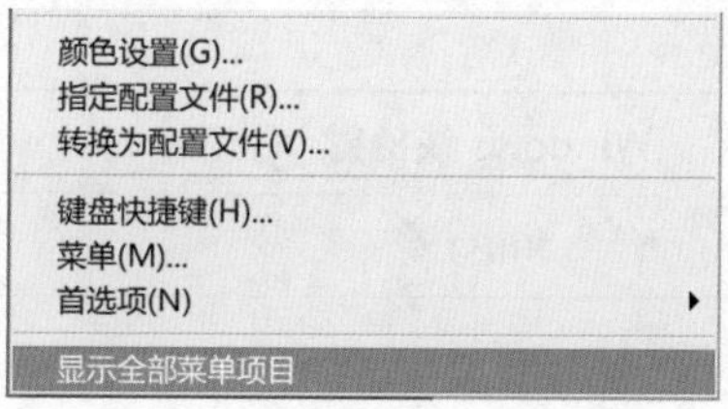

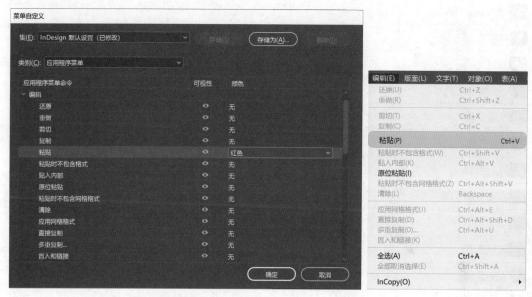

图 3-3

　　设置菜单颜色。在"菜单自定义"对话框中选择要更改的应用程序菜单命令，在右侧"颜色"参数栏中选择要更改的菜单颜色，如图 3-4 所示，单击"确定"按钮，重新打开文件下拉菜单，此时菜单颜色已经更改，如图 3-5 所示。

图 3-4　　　　　　　　　　　　　　　　图 3-5

3.3　设置快捷键

　　快捷键就是使用键盘上某一个按键或某几个按键的组合完成一条功能命令，从而达到提高操作速度的目的。InDesign 的默认快捷键如表 3-1 所示。在通常情况下，记住这些常规快捷键可以大幅提高操作效率。

表 3-1

常 用 工 具	Windows 快捷键	Mac 快捷键
选择工具	V,Esc	V,Esc
直接选择工具	A	A

续表

常 用 工 具	Windows 快捷键	Mac 快捷键
页面工具	Shift+P	Shift+P
间隙工具	U	U
文字工具	T	T
直线工具	\	\
钢笔工具	P	P
添加锚点工具	=	=
删除锚点工具	–	–
转换方向工具	Shift+C	
铅笔工具	N	N
矩形框架工具	F	F
矩形工具	M	M
椭圆工具	L	L
剪刀工具	C	C
自由变换工具	E	E
旋转工具	R	R
缩放工具	S	S
切变工具	O	O
渐变色版工具	G	G
渐变羽化工具	Shift+G	Shift+G
吸管工具	I	I
抓手工具	H；键盘空格键（版面模式）；Alt 键（文本模式）或 Alt+ 空格键（两种模式）	空格键（版面模式）；Option 键（文本模式）或 Option+ 空格键（两种模式）
缩放显示工具	Z；Ctrl+ 空格键	Z；Command+ 空格键
切换描边和填充颜色	X	X
互换填色和描边	Shift+X	
格式针对容器	J	J
应用颜色	；	；
应用渐变		

同时，InDesign 还提供了自定义快捷键功能，支持用户进行个性化设置，定义自己独有的快捷键。例如，如果用户习惯使用 PageMaker 的快捷键，就可以通过自定义快捷键功能使用 PageMaker 的快捷键来操作 InDesign。

用户可以通过选择"编辑→键盘快捷键"命令进入编辑器进行编辑。通过自定义快捷键，可对常用快捷键进行个性化设置，以适应用户原有的操作习惯。

【执行操作】

选择"编辑→键盘快捷键"命令，在弹出的"键盘快捷键"对话框中单击"新建集"按钮弹出"新建集"对话框，直接单击"确定"按钮返回"键盘快捷键"对话框。在"产品区域"下拉列表框中选择要定义的菜单类型；在"命令"列表框中选择要自定义快捷键的命令，在下方"新建快捷键"文本框中输入新的快捷键，单击"确定"按钮。选择"文件"菜单命令，即可在下拉菜单中找到新建设置，如图 3-6 所示。

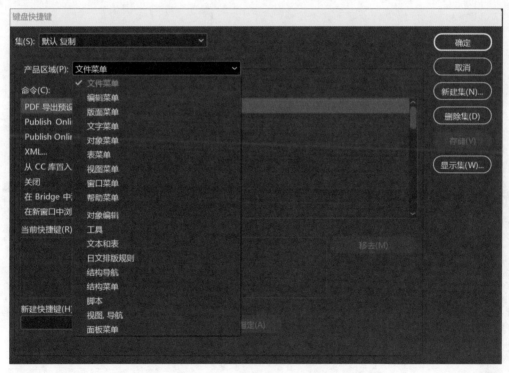

图 3-6

3.4　认识首选项

InDesign 软件中的首选项工具好比手机里的设置功能，用户可以在 InDesign 中通过更改首选项中各个选项内容，设置自己偏好的界面工作环境，包括面板配置、度量单位、文字等。

【执行操作】

选择"编辑→首选项"命令，或按快捷键 Ctrl+K，系统弹出"首选项"对话框。

注 意

在弹出的"首选项"对话框中，左侧是选项名称，右侧是具体选项。

下面介绍几种常用的首选项设置。

- 页码：绝对页码、章节页码。
- 文字：拖放式文字。
- 标尺：用户通过更改标尺单位可以指定需要的测量单位。单位包括点（point）、派卡（pica）、英寸（inches）、毫米（milimeters）和厘米（centimeters）。
- 网格：分为基线网格和文档网格。可在菜单栏中单击"编辑→首选项→网格"对基线网格和文档网格进行设置。基线网格中可以设置网格的起始位置、颜色、网格线间距等。文档网格是指由一个个交叉的网格线组成的小方格，可以用来定位对象、绘制对称对象等。
  > 视图阈值：页面缩小超过 75%，网格不可见。
- 参考线和粘贴板：参考线又分为标尺参考线、分栏参考线、出血参考线等，默认未选中状态下，以不同颜色进行区分，并可在首选项中进行颜色更改。
  > 边距：版心到页面边缘之间的距离，通常表示为唇膏色边框线，如图 3-7 所示。

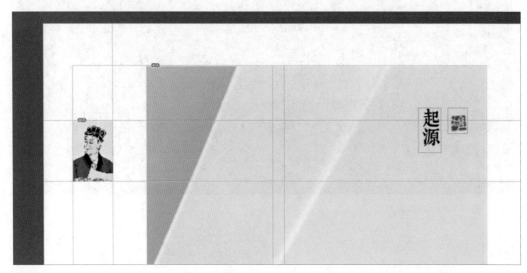

图 3-7

  > 栏：分栏参考线就是为了避免每行文字字数过多，读者在阅读时产生跳行的情况而设置的一种参考线方式，一般表现为淡紫色线条，分栏参考线的数量根据设置的栏

数多少而变化，一般有 2 栏、3 栏、4 栏等。边距和分栏设置可以确定版心的位置，有助于我们更好地进行排版，如图 3-8 所示。

1957 年，西安市东郊的灞桥出土了公元前 2 世纪的古纸，世称灞桥纸。这是中国古代最早发明的纸。经鉴定，该纸是以大麻和少量苎麻的纤维为原料制成的。制作技术较原始，质地粗糙，还不便于书写。

汉明帝永平末年蔡伦入宫，汉章帝建初年间，担任小黄门（较低品级的太监职位）。汉和帝即位之后，升任中常侍，参与国家机密大事的谋划。蔡伦有真才实学，为官尽忠职守，多次不惜触犯皇帝的威严，进谏指出朝廷施政的得失。

后来，蔡伦担任尚方令，监督宫廷物品的制作。人们认为就是从这个时候，蔡伦开始接触东汉最好的手工工艺，并改进当时的造纸技术。据《后汉书蔡伦传》记载，自古以来，书籍文档都是用竹简来做书写载体的，后来出现了质地轻柔的缣帛，但是用缣帛制纸的费用很高昂，而竹简又笨重，于是蔡伦想进行技术创新，改用树皮、破布、麻头和鱼网等廉价之物造纸，大大降低了造纸的成本，为纸的普及准备了条件。公元 105 年，蔡伦在现在的洋县龙亭镇开始进行造纸术的试验。蔡伦把改进造纸术的成果报告给皇帝，皇帝对蔡伦的才能非常赞赏，并把改进过的造纸技术向各地推广，汉安帝元初元年（114 年），朝廷封蔡伦为龙亭侯，所以后来人们都把纸称为"蔡侯纸"。在距县城 10 公里的蔡伦墓祠，至今还保留有东汉时期造纸使用的石臼和铁锅。

东汉时期造纸使用的石臼和铁锅
Mortar and wok paper used the Eastern Han Dynasty

In 1957 , the eastern outskirts of Xi'an Baqiao unearthed ancient paper 2nd century BC , the Bank said Baqiao paper . This is the ancient Chinese first invented paper . After identification, the paper is based on a small amount of marijuana and ramie fiber as raw material . Production technology is relatively primitive, rough texture , not easy to write .

Cai Lun Han Ming Di Yongping Dynasty palace , built between Emperor Zhang of Han Dynasty, as the small yellow door (lower grade posts eunuch) . Han Dili after the throne , he was promoted Attendants involved in affairs of state secret plan . Cai Lun have genuine talent , official dedication , at times violated the emperor 's authority , the court noted that the policy pros and cons of plain speaking .

Later , Cai Lun served as imperial order , supervision of the court making the article . It is believed that from this time came into contact with the Eastern Han Dynasty Cai Lun best craftsmanship and papermaking technology was improved . According to "Han Cai Lun " records , since ancient times , books and documents are written using bamboo to do carrier , the subsequent emergence of the soft texture of fine silk , fine silk, but with very high costs for paper , and bamboo and heavy, so Cai Lun think technological innovation , use bark, rags, hemp head nets and other low-cost things paper, greatly reducing the cost of paper, prepared the conditions for the popularity of paper . Yuan Xing Han Dili first year (105 years) , the results of Cai Lun improved papermaking reported to the emperor , the emperor of Cai Lun talent is very appreciated, and improved over the paper technology to promote the country, Han Antiquorum early Yuan Dynasty (114 years) , the court closed for the Cai Lun Long Tinghou , so then people regard the paper called " Cai Hou paper ."

图 3-8

> 出血：印刷过程中由于纸张裁切不精确而导致纸张边缘漏出白边的情况，我们可以通过设置出血线，将页面边缘的图片或带有颜色的背景图放置于页面外 3mm 处。出血线又叫出血位，在 InDesign 软件中通常表现为页面外红色线框▣，称为出血框，默认尺寸为 3mm，如图 3-9 所示。

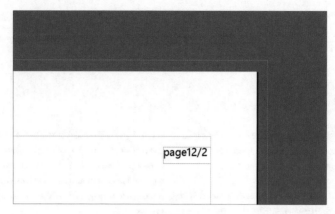

图 3-9

> 辅助信息区：用于显示打印机说明、签字区域以及文档的其他相关信息。将文档裁
> 切为最终页面大小时，辅助信息区将被裁掉，通常表示为"网格蓝"色。

注意

当在新建文档前修改首选项内容，将影响所有新文档（原有文档不受影响）。

练习

1. 选择"编辑→首选项→界面"命令，尝试修改 InDesign 操作面板的颜色设置，自定义自
己喜欢的界面外观。

2. 选择"编辑→菜单"命令，自定义菜单颜色。

3. 选择"编辑→键盘快捷键"命令，了解 InDesign 中默认的快捷键设置以及如何自定义
快捷键。

4. 选择菜单栏"编辑→首选项"命令，查看并修改界面首选项。

第 4 章

InDesign CC 2020

新增功能

4.1　社区创建脚本

InDesignCC2020 提供了由 InDesign 社区创建的脚本。选择"窗口→实用程序→脚本"命令，如图 4-1 所示。这些脚本显示在"脚本"面板的社区部分下方，如图 4-2 所示。

- BreakTextThread.jsx
- ClearStyleOverrides.jsx
- InsertTypographerQuote
- SnapMarginsToTextFrame
- UnicodeInjector

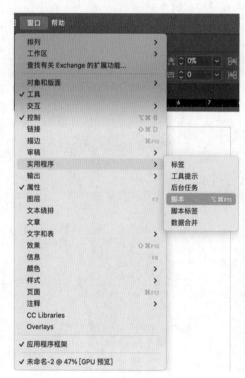

图 4-1

图 4-2

4.2　共享以供审阅

InDesignCC2020 无需依赖其他工具，只需从 InDesign 共享设计以供审阅，即可启动创意审阅流程。审阅者可以使用 Web 浏览器对共享文档添加注释。管理利益相关者在 InDesign 中共享的审阅注释并加以解决。

4.3　自动激活 Adobe Fonts

InDesignCC2020 现在可从 Adobe Fonts 中自动查找并激活文档中缺失的字体。还可以通过后台任务面板检查缺失字体激活状态。默认情况下，"自动激活 Adobe Fonts"在 InDesign 中处于禁用状态。可以选择"Indesign →首选项→文件处理"，如图 4-3 所示，在首选项对话框中启用该功能，如图 4-4 所示。

图 4-3

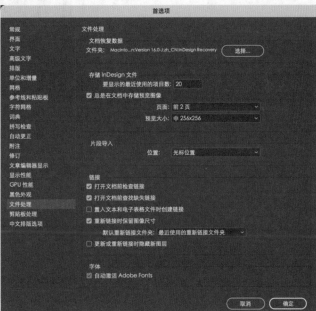

图 4-4

4.4　通过 URL 置入视频

通过有效的 URL 置入视频文件，可以在导出的 PDF 中播放流式视频。视频必须是有效的 H.264 编码文件（如 MP4 或 MOV）。请确保在 URL 前面加上 http://。操作方式如下。

选择要替换的视频对象。

选择"窗口→交互→媒体"以打开媒体面板，如图 4-5 所示。

单击放置图标，"通过 URL 置入视频"对话框将会显示，如图 4-6 所示。

添加包含 mp4 或 MOV 视频的 URL，然后单击确定，如图 4-7 所示。

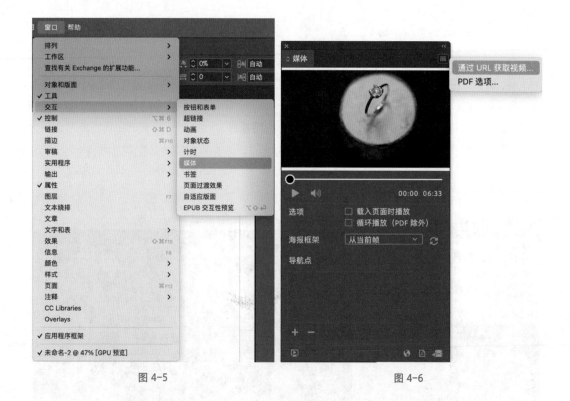

图 4-5　　　　　　　　　　　　　　　　图 4-6

图 4-7

4.5　Copy Editor (Beta)

在 InDesign 文档中处理文本时，可能会在编辑部分文本时出现滞后现象。如果处理文档中的大量文本，或者在应用程序中启用了其他功能，则滞后现象会更加明显。在这种情况下，Copy Editor (Beta) 是一种提高键入速度的简便替代方法。只需在文本框中键入内容时启动 Copy Editor (Beta)，然后继续在新窗口中键入内容，就可以避免出现任何滞后。Copy Editor (Beta) 是一项实验功能，可在有限的地区且有限的用户范围内使用。

第 5 章
认识界面和工作区

5.1　InDesign 的界面布局

随着 InDesign 版本的不断更新，工作界面和布局也逐渐变得更加合理、更加人性化。最新版本 InDesign 的界面主要包括以下几个部分：菜单栏、程序栏、控制栏、文档栏、工具箱、绘图区、面板、状态栏，如图 5-1 所示。

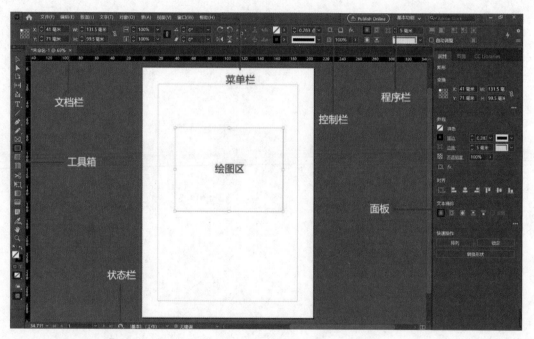

图 5-1

- 菜单栏：InDesign 大部分的命令都存放在菜单栏中，按照功能的不同分为十大菜单，包括主页、文件、编辑、版面、文字、对象、表、视图、窗口、帮助。
- 程序栏：程序栏包含网络出版按钮、切换到"触控"工作区按钮、工作区切换器，以及包含自动完成建议的搜索栏。
- 控制栏：控制栏用于显示调整当前所选对象的选项。
- 文档栏：启动 InDesign，创建一个文档栏。在文档栏中会显示这个文件的名称、格式、窗口缩放比例以及颜色模式等信息。
- 工具箱：工具箱中包含 InDesign 的常用工具。在默认状态下，工具箱位于操作界面的左侧。单击工具箱顶部的折叠按钮，可以将其折叠为双栏；再次单击此按钮即可还原回单栏模式。可以将光标放置在工具箱顶部，然后按住鼠标左键进行拖曳即可将工具箱设置为浮动状态，如图 5-2 所示。
- 绘图区：绘图区在整个操作界面视图中心，排版绘图操作都在该区域内进行，可以通过缩放操作对绘制区域的视图大小进行调整。

- 面板：在默认情况下，在绘图区右侧排列着多个面板，这些面板主要用来配合图像的编辑、对操作进行控制以及设置参数等。选择"窗口"菜单，在展开的菜单列表中可以看到 InDesign 包含的面板，选择某项命令即可打开或关闭该面板。每个面板的右上角都有一个菜单按钮，单击该按钮可以打开该面板的菜单选项。
- 状态栏：状态栏中包括页面缩放比例、页面页数、储存方法、印前检查。

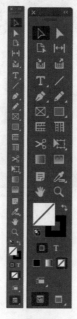

图 5-2

5.2 InDesign 的工作区

1."开始"工作区

启动 InDesign，呈现"开始"工作区。该工作区可以快速方便地访问最近使用的文件和 InDesign 教程，并且可以通过该工作区新建文档或打开现有文档，如图 5-3 所示。

（1）以下情况会显示"开始"工作区。

- 打开 InDesign 软件。
- 没有打开的文档。

（2）"开始"工作区的功能如下。

- 新建文档或打开现有文档。
- 打开 InDesign 教程。

（3）"开始"工作区中的各项功能如下。

- 主页选项卡：可查看最近修改的文件。

- 新建按钮：可创建新文档。
- 打开按钮：可打开 InDesign 中的现有文档。

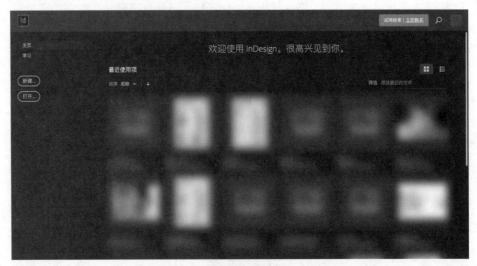

图 5-3

2．创建文档

在 InDesign 中创建文档时，无须从空白文档开始，可以从多种模板中进行选择，其中包括 Adobe Stock 中的模板。这些模板含有各种资源，用户可以在此基础上完成项目。在 InDesign 中打开模板后，用户可以像使用任何其他 InDesign 文档一样使用模板。除了使用模板，还可以从 InDesign 提供的大量预设中选择其中一个来创建文档，单击"新建"按钮，弹出对话框，如图 5-4 所示。

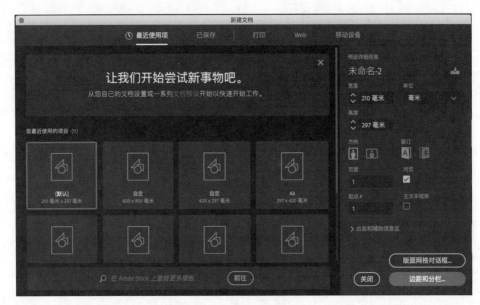

图 5-4

3．设置界面颜色

InDesign 的界面颜色可以根据喜好修改，系统为用户提供了 4 种颜色选择，即深色、中等深色、中等浅色和浅色，如图 5-5 所示。

图 5-5

【执行操作】

（1）Windows 系统：选择"编辑→首选项→界面"命令，如图 5-6 所示。

macOS 系统：选择"InDesign →首选项→界面"命令，如图 5-7 所示。

图 5-6　　　　　　　　　　　　　　　　　　　　图 5-7

（2）从以下颜色主题中选取所需的界面颜色：深色、中等深色、中等浅色和浅色。

（3）选中"将粘贴板与主题颜色匹配"复选框，可将粘贴板的颜色设置为选定的颜色主题。取消选中该复选框可将粘贴板的颜色设置为白色。

4．使用工作区切换器

在程序栏中单击"工作区切换器"按钮（在默认情况下该按钮显示为"基本功能"），如图 5-8 所示。系统会弹出一个下拉菜单，在下拉菜单中可以选择系统预设的工作区，如图 5-9 所示。也可以通过选择"窗口→工作区"子菜单中的子命令来选择合适的工作区，如图 5-10 所示。

图 5-8

图 5-9

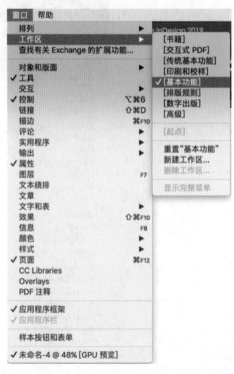

图 5-10

5．隐藏窗口和面板

（1）隐藏或显示所有面板，包括"工具"面板和"控制"面板，快捷键为 Tab。

（2）隐藏或显示所有面板，除"工具"面板和"控制"面板外，快捷键为 Shift+Tab。

6．熟悉菜单栏

要使用某个命令，首先需要选择该命令所在的菜单，单击菜单列表中的相应命令即可执行该命令。

部分菜单命令的右侧有一个向右的箭头标志，该标志表示该命令中含有多个子命令，将光标移动到子命令上并单击，即可执行该命令，如图 5-11 所示。

部分菜单命令名称右侧带有一些字母和符号，这些就是该命令的快捷键。例如，"文件"菜单下的"存储"命令的快捷键是 Command+S（MAC 系统），使用者只需同时按下键盘上的 Command 和 S 键即可，如图 5-12 所示。

图 5-11

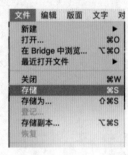

图 5-12

7．改变文档排列方式

（1）若要重新排列选项卡式"文档"窗口，可以将某个窗口的选项卡拖动到组中的新位置。

（2）要从窗口组中取消停放（浮动或取消显示）某个"文档"窗口，可以将该窗口的选项卡从组中拖出。

（3）要将某"文档"窗口停放在一个单独的"文档"窗口组中，可以将该窗口拖到该组中。

（4）若要创建堆叠或平铺的文档组，可以将此窗口拖动到另一个窗口的顶部、底部或侧边的放置区域；也可以利用应用程序栏上的"版面"按钮为文档组选择版面。

（5）若要在拖动某个选项时切换到选项卡式文档组中的其他文档，可以将选项拖到该文档的选项卡上并保持一段时间。

8．浏览图像

InDesign 中有两个用于浏览视图的工具，一个是"缩放工具"，另一个是用于浏览图像的"抓手工具"。

Id

第 6 章
文件管理

6.1　文档管理

这部分内容主要介绍"新建文档"对话框和对话框中涉及的纸张尺寸、单位和可新建文档的种类。需要注意的是，在 Photoshop 中新建文档叫作"画布"，在 Adobe Illustrator 中新建文档叫作"画板"，而在 InDesign 中叫作"出版物"。

6.1.1　创建出版物

InDesign 提供了几种新建文档的方式作为出版物的起始文档预设，单击后文档将以选定的设置来创建一个新的出版物文档。

创建出版物的方法如下。

（1）在欢迎界面中单击"新建"按钮，如图 6-1 所示。

图 6-1

（2）选择"文件→新建→文档"命令，或按快捷键 Ctrl+N，弹出"新建文档"对话框，如图 6-2、图 6-3 所示。

图 6-2

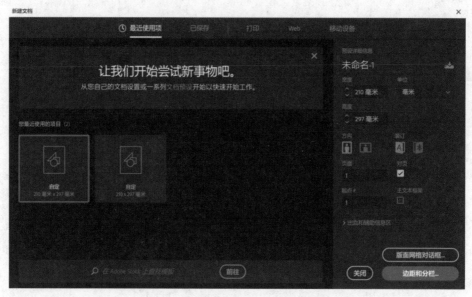

图 6-3

【执行操作】

在"欢迎窗口"或"新建文档"对话框中可以进行以下参数设置。

- 最近使用项：直接选择最近使用过的文档。

- 已保存：选择已保存过的文档预设，如果想对已经保存过的文档进行继续编辑，可在右侧"预设详细信息"面板中进行更改，单击"存储文档预设"按钮 。

- 打印：提供了几种常见的打印尺寸，可根据需要直接选择所需尺寸。
- Web：提供了几种常见网页尺寸，可根据实际情况选择，包括网页尺寸和移动设备（手机、平板计算机）交互性文本尺寸，可根据需要直接选择所需尺寸。
- 移动设备：提供了包括 iPhone、iPad 等移动设备（手机、平板计算机）交互性文本尺寸，可根据需要选择所需尺寸。
- 预设详细信息：可以看到全部的文档预设，包括页面大小、页数、装订方向、起始页等。

注意

新建书籍可以串接多个同一类型的文档。

新建库相当于 InDesign 模板库，需要的时候可直接调用现有的版式模板。如果弹出的不是新版对话框，可选择"编辑→首选项→常规"命令，在弹出的对话框中取消选中"使用旧版新建文档"复选框，即可出现新版"新建文档"对话框。

1．根据不同需求创建出版物

InDesign 是一款非常高效便捷的排版软件，除了对书籍、画册、报刊等印刷物进行排版，还可以利用 InDesign 进行网页页面排版、手机、iPad 等移动端页面排版，针对不同的排版需求，可以在创建出版物时进行不同的设置。下面介绍几种常见的出版物创建方式。

【执行操作】

在弹出的"新建文档"对话框中，可以针对不同设计需求进行设置。

1）书籍杂志画册等印刷物

在"新建文档"对话框的"打印"选项卡中，选择要建立的出版物尺寸或在"预设详细信息"面板中进行个性化设置，如图 6-4 所示。

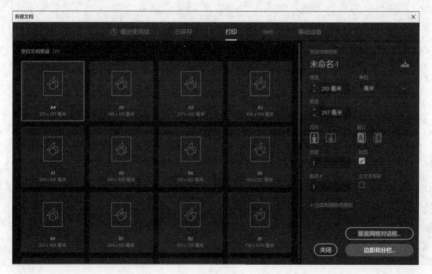

图 6-4

2）手机、iPad 等移动端

在"新建文档"对话框的"移动设备"选项卡中，选择要建立的出版物尺寸或在"预设详细信息"面板中进行个性化设置，如图 6-5 所示。

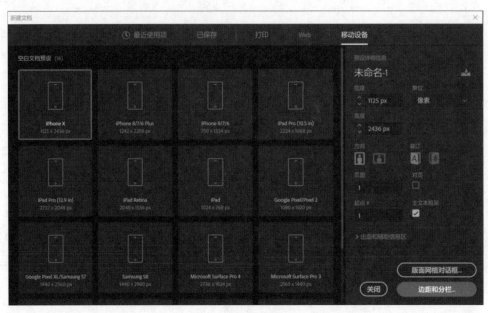

图 6-5

3）网页

在"新建文档"对话框的 Web 选项卡中，选择要建立的出版物尺寸或在"预设详细信息"面板中进行个性化设置，如图 6-6 所示。

图 6-6

2．文档设置

已经建立文档后，还可以根据设计需要对版面、页数、页面尺寸、装订方式进行重新修改。这时可在"属性"浮动面板中再次进行修改，如图 6-7 所示。

图 6-7

【执行操作】

在"属性"浮动面板中进行修改，或选择"属性"面板中的"调整版面"命令，在弹出的对话框中进行修改，如图 6-8 所示。

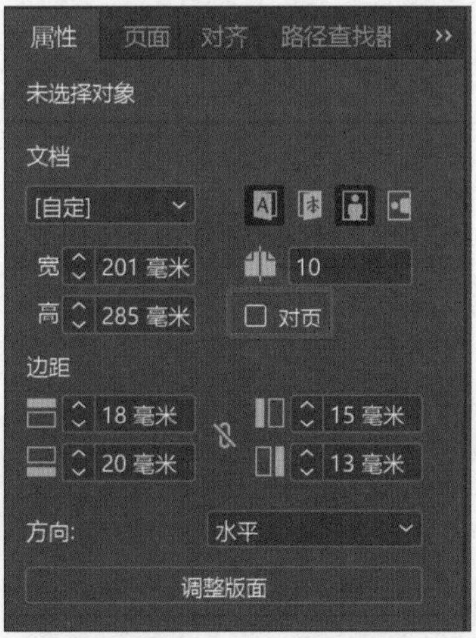

图 6-8

- "页面大小"下拉列表框：修改文档尺寸，根据个人需要自定义文档的宽度和高度。
- "对页"复选框：一般画册或书籍等都是由左页和右页构成的，选中"对页"复选框即可显示为左右对称排版，否则为单独的页面排版。选择"菜单→文档设置"命令或使用快捷键Ctrl+Alt+P，取消选中"对页"前的复选框，单击"确定"按钮，即可取消对页显示，如图6-8、图6-9所示。

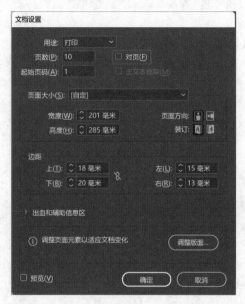

图 6-9

~~~ 注意 ~~~

　　书籍杂志内文页展开后，前一页的左手页和后一页的右手页就形成了一个对页，多页面的书籍杂志在装订后往往以对页的形式展示，在设计中通常也会以对页的形式进行设计，这样在设计时会更顺畅，后期拼版也更方便。

- 页面：指文档的总页数，位置在"对页"复选框的上方。
- 起始页码：文档的起始页码数。数值"1"表示文档起始页码为1。
- 页面方向：随页面的宽高数值变化而变化。当页面宽度较大时，显示页面方向为横向 。当页面高度数值较大时，显示的页面方向为纵向 。

~~~ 注意 ~~~

　　如果需要对页面参数重新设置，选择"文件→文档设置"命令或按快捷键Ctrl+Alt+P。

- 边距和分栏：边距大小规定了版心到页面边缘之间的空白部分的尺寸。上边距和下边距是指版心到上下切口两部分之间的距离，内边距指书刊装订一侧版心到订口之间的距离，外边距是指版心到外侧切口之间的距离。

- 出血线：出血线又叫出血位，在 InDesign 软件中通常表现为页面外红色线框▣，称为出血框，默认尺寸为 3mm。
- 辅助信息区：设置参数后将以蓝色线框的形式出现在页面外围，一般默认尺寸为 0mm。

在默认状态下，上下内外边距均为 20 毫米。单击▣按钮可将 4 个方向的边距设置设为相同数值，解锁后图标将显示为▣，此时可以对页面 4 个方向的边距设置不同的数值。

分栏是指在版面中通过一定的栏数设置将文本内容分栏显示。分栏的使用不仅可以让页面的信息显示更加美观易读，而且可以让排版方式更加灵活和规范，如图 6-10 所示。

图 6-10

━━━━━━━ 注意 ━━━━━━━

边距的设定要根据排版方式、书籍页数以及装订方式的不同来灵活设置。如一本 300 页的胶装书，内边距的数值要设置得大一些，一般在 23 毫米左右才能确保文字部分不会在装订时被遮盖住。而一本 80 页左右骑马钉装订的杂志，内页尺寸一般设置为 15 毫米左右即可。需要注意的是，如果设置文档为单页，边距四周将显示为 "上下左右"；如果设置文档为对页，则边距下方显示为 "上下内外"。

3．调整版面

有时我们需要更改页面大小，如果通过 "文件→文档设置" 进行更改，可能需要花费大量时间和精力来重新排列对象以适应新版面，因为 InDesign 默认页面上的所有对象固定不动或固定在页面中心。

单击菜单栏"文件→调整版面"，设定新的页面大小后，InDesign 将严格地基于一个边距、页面栏和标尺参考线的框架调整页面内容以适应新的页面大小，如图 6-11 所示。

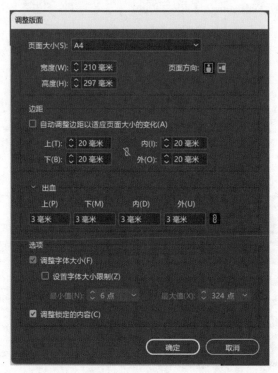

图 6-11

可在"调整版面"选项中对页面大小、页面方向、边距或分栏、出血、字体大小等进行版面调整。单击"确定"按钮后，在"页面"面板中双击每个页面的缩略图查看效果，可以看到 InDesign 对每个页面中的对象都调整了大小和位置，以适应新的页面大小。

4．自定义文档预设

关于文档预制在前面的章节中已有详细的介绍，请参考本书第 2 章 2.2.2 节中文档的预制。

6.1.2　存储出版物

1．与 InDesign 有关的常用文件格式

每个软件都有它自己的一套保存格式，InDesign 保存的文件可以选择常规文档（*.indd）、模板（*.indt）以及标记语言（InDesignML）3 种保存类型，如表 6-1 所示。导出类型如表 6-2 所示。选择"文件→存储为"命令。

表 6-1　InDesign 文件的保存类型

扩 展 名	文 件 名	版　　本	注　　释
indd	InDesign 文档	CC	
indt	InDesign 模板	CC	
InDesignml	InDesign CS4 或更高版本	CC	

选择"文件→导出"命令。

表 6-2　InDesign 文件的导出类型

扩 展 名	文 件 名	版　　本	注　　释
文章	Adobe Experience Manager Mobile 文章		
pdf	Adobe PDF（交互）	PDF 1.3 – 1.7	
pdf	Adobe PDF（打印）	PDF 1.3 – 1.7	
eps	封装式 PostScript	PS level 2–3	
epub	EPUB（固定版面）		
epub	EPUB（可重排版面）		
fla	Flash CS6 Professional	CS6	
swf	Shockwave Flash	10.x	适用于 Flash Player
html	HTML		
InDesignml	InDesign 标记语言	CC	
jpg	JPEG		
png	PNG		
xml	可扩展标记语言		

2．存储和存储为默认格式

创建好文档后就要对它进行保存，没有保存的文档都是以未命名的形式存在的。文档需要保存到本地计算机，才可以在下次继续编辑使用。

InDesign 提供了存储和存储为默认格式的方式对文档进行保存。

【执行操作】

选择"文件→存储"命令，或按快捷键 Ctrl+S，保存现有文档。文档将以当前的版本、编辑状态进行保存，并可在这个存储文件的基础上继续编辑。

选择"文件→存储为"命令，或按快捷键 Ctrl+Shift+S，可将当前文件另存为一个新的文件，具体操作如下。

在弹出的"存储为"对话框中输入文档名称，选择文件要保存的位置，单击"存储"按钮，即可保存新建文档。存储的默认格式为常规文档（*.indd）。

3. 存储为模板格式

对修改后的 indt 文档进行保存不会覆盖原 indt 文档，系统会提示将其保存为 indd 文档。当打开模板的时候，InDesign 会新建一个一模一样的文件，这样就可以避免破坏源文件。

indd 文档与 indt 模板实际上属于相同的文件，只是 InDesign 对于两者的默认操作不同。相比前者，indt 模板在默认情况下不会自动存储，只是作为一个不期望改动的案例，在存储时会另存为 indd 文档。

存储为"模板"与"文档"不同。当模板再次被打开的时候，InDesign 会新建一个一模一样的文件，这样就可以避免破坏源文件。

举个例子，indd 文档必须另存时，直接保存就把原始文件替换掉了，indt 模板修改后保存不会覆盖原 indt 模板并提示保存成 indd 文档。

如果频繁创建相似项目可以使用模板。可以使用模板更快速地创建一致的文档，同时保护原始文件。例如，如果创建每月发行的新闻稿，模板可包括标尺参考线、页码、新闻稿刊头以及希望每期使用的样式。

存储为模板格式后，就可以直接对模板进行调用，各种文件属性就集成在模板里，后面可以直接使用，节省时间。

模板中可以包含预设设置，如页面尺寸、标尺参考线、页码、文本样式等。使用模板能够快速地创建一致的文档。InDesign 在打开模板（*.indt）文件时会自动创建一个新的未标题文件，且修改后进行保存不会覆盖原模板文件，而是提示保存成 indd 文档，这样就可以保护原始文件。如果频繁地创建相似项目，可以将文档存储为模板。例如，每期都会出版的报刊等，就需要固定的刊头、版权页等相关信息。

【执行操作】

选择"文件→存储为"命令，在弹出的对话框中选择保存类型为"InDesign 2020 模板"，如图 6-12 所示。

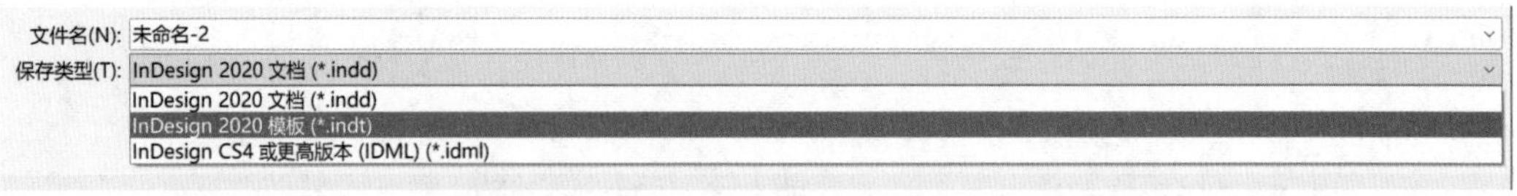

文件名(N):	未命名-2	
保存类型(T):	InDesign 2020 文档 (*.indd)	
	InDesign 2020 文档 (*.indd)	
	InDesign 2020 模板 (*.indt)	
	InDesign CS4 或更高版本 (IDML) (*.idml)	

图 6-12

将文档存储为模板格式后，当模板再次被打开的时候，将以未命名的形式被打开，如图 6-13、图 6-14 所示。这是一个与存储文档一模一样的新建文档，在此基础上对文档进行修改，然后可以选择"文件→存储"命令，在弹出的"存储为"对话框中选择另存为一个新文件，这样就可以避免源文件被破坏。

选择存储为模板文件（＊.indt），可覆盖原模板文件，节省计算机空间。

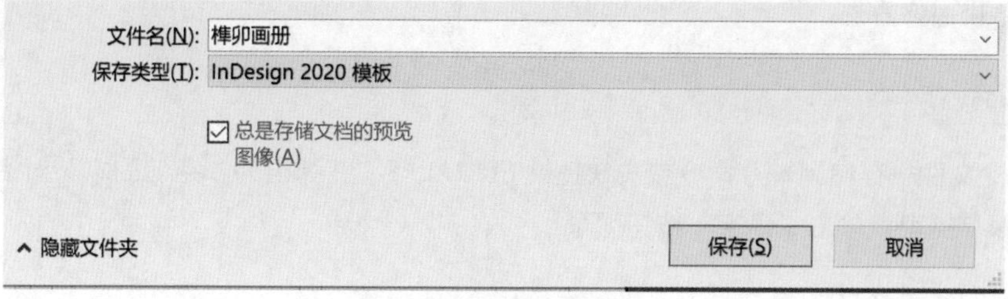

图 6-13

图 6-14

4．存储低版本 InDesign 能够打开的文件

在通常情况下，低版本 InDesign 软件打不开高版本的文件，为了有更多的兼容性，就要存一个低版本文件，以利于低版本 InDesign 能够打开高版本文件。通常 InDesign 文件可以向下（低版本）兼容，但是不能向上（高版本）兼容。有时候需要用 InDesign CS6 或更低版本打开 InDesign CC 2020 版本的文件，这时可将文件导出为标记语言（InDesignML）格式。

如果存储为"InDesign CS4 或更高版本（IDML）"，则会创建可在 InDesign CS4 或更高版本中打开的 .InDesignML 文件。当前使用的 InDesign 文档不会被存储。存储的 .InDesignML 文件图标为■。

【执行操作】

选择"文件→导出"命令，在弹出的"导出"对话框中选择"保存类型"为 InDesign Markup（IDML），单击"保存"按钮后即可在低版本 InDesign 中打开导出的 IDML 文件。

在 InDesign CS4 及以上版本中打开 IDML 文件，将其转换为 InDesin 文档后，即可在 InDesign CS3 及以下版本中打开。

～～～　注意　～～～～～～～～～～～～～～～～～～～～～～

InDesign CS4 或以下版本用于降版存储的交换格式是 INX，InDesign CS5 以后，用 InDesignML 格式取代了 INX。要在 InDesign CS3 中打开 InDesign CC 2020 文档，可以在 InDesign CS4 中打开导出的 InDesignML 文件，将其存储并导出为 InDesign CS3 交换文档（INX），然后即可在 InDesign CS3 中打开导出的 INX 文件。

如果文档含有 InDesign CC 2020 特有功能创建的内容，而低版本中没有这些功能或效果，则文档打开后相关内容可能会被修改或忽略。

5．存储副本

存储副本就是另存一个文件，格式不变。相当于复制了一个备份文件，保存文件副本是为自己进行备份的好方法。

【执行操作】

选择"文件→存储副本"命令或按快捷键 Ctrl+Alt+S，在弹出的"存储副本"对话框中选择文件名和保存类型，单击"确定"按钮即可。

6.1.3　打开文件和浏览出版物

在 InDesign 中可以打开创建好的 InDesign 源文件，并对文件进行浏览和编辑。要打开和浏览出版物，可以选择"文件→打开"命令。下面介绍打开文件和浏览出版物的方法。

1．打开文件

【执行操作】

选择"文件→打开"命令或按快捷键 Ctrl+O，在弹出的"打开文件"对话框中预览保存在本地计算机中的 *indd 文档，选中要打开的文件，如图 6-15 所示。

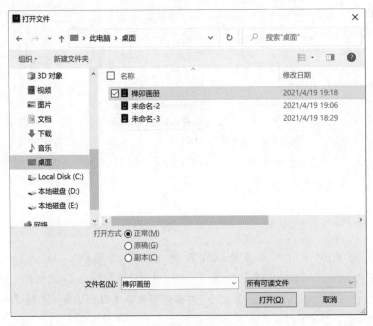

图 6-15

在 InDesign 中可以使用正常、原稿、副本 3 种打开方式打开文件。

- 正常打开：直接打开普通文件（*.indd）的源文件，或模板文件的新建文件。

【执行操作】

选择"文件→打开"命令或按快捷键 Ctrl+O，在弹出的"打开文件"对话框中选择文件存储路径及文件名，单击"打开"按钮，打开方式选择"正常"，即可直接打开该文件的源文件。

若要打开的是模板文件（*.indt），打开方式选择"正常"，InDesign 将会根据该模板新建一个文档。

- 按原稿打开：操作和打开效果与"正常打开"相同。
- 按副本打开：打开指定文件的副本。

2．利用 Brigde 浏览出版物

Brigde 是 Adobe 专用的数字资产管理软件和照片管理工具，可以独立运行，也可以在 Adobe 旗下系列软件中直接使用。它可以直接管理 Adobe 所有软件创建的文件，包括 PSD、PSB、TIFF、DNG、AI、INDD、PDF 等格式的文件。Brigde 提供了一个方便、强大的照片和设计管理工具，Adobe 旗下产品几乎都能够在 Brigde 中预览，使用者可以导出 jpg、相册、pdf 等文件，而无须安装所有软件。

【执行操作】

选择"文件→在 Brigde 中浏览"命令或按快捷键 Ctrl+Alt+O。

在 InDesign 文档中显示链接的文件。

直接从 Adobe Brigde CS6 中浏览 Adobe InDesign 文档中的链接文件，快速访问页面版面的每个组件。

6.2　页面管理

InDesign 擅长多页面编辑，像书籍、画册、小册子等页面数量较多，多页面的创建需要进行管理，以便更好地掌握操作技能。利用 InDesign 中的"属性"面板和"页面"面板，可以更改页面大小，对文档中的页面进行重新排序等。

6.2.1　页面与跨页

页面就是指一个单独的编辑页。书籍、画册在装帧时通常是由左右两个页面组成的，这样的一组页面称为跨页。若要页面以跨页的形式显示，在新建文档时需要选中"对页"复选框，文档将排列为左右两个同时显示的编辑页。

页面或跨页外的区域称为"粘贴板"，用来暂时放置没有被放进页面内的内容，如图 6-16 所示。

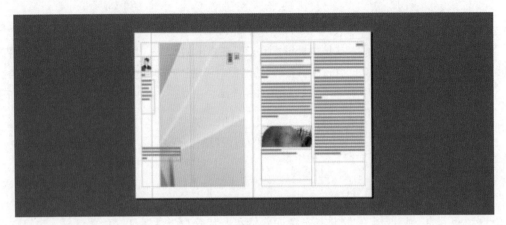

图 6-16

单击页面图标可选中页面，单击页码可选中跨页，按住 Shift 键单击页面可同时选中多个相邻的页面，按住 Ctrl 键单击页面可同时选中多个不相邻的页面，如图 6-17 所示。

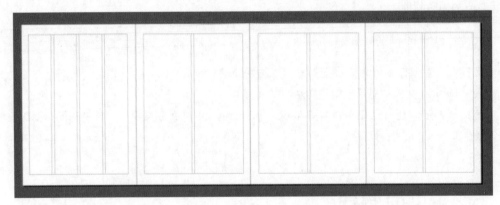

图 6-17

6.2.2　创建页面

【执行操作】

（1）选择"文件→新建"命令，输入任意数量的页面数值。

（2）创建文档后添加页面。

（3）选择"窗口→页面"命令，或按快捷键 F12，弹出"页面"面板。

（4）在"页面"面板中，单击"新建页面"按钮▣，如图 6-18 所示。新页面将在第一页后添加。

（5）在 InDesign 中，同一文档中的页面可以是不同大小。若要在文档中创建不同大小的页面，可在"页面"面板中单击"编辑页面大小"按钮▣，如图 6-19 所示。

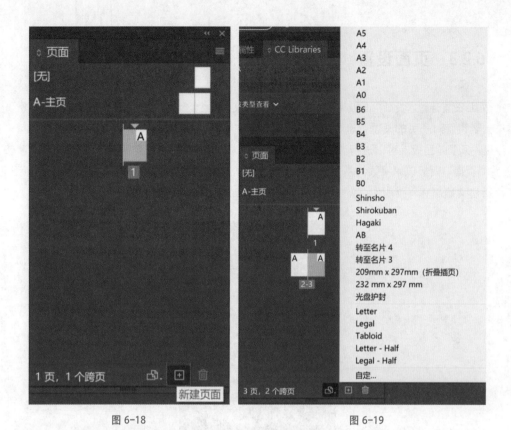

图 6-18   图 6-19

（6）在弹出的菜单栏中选择默认文档大小或自定义文档大小。选择后，当前页面尺寸将发生改变，如图 6-20 所示。

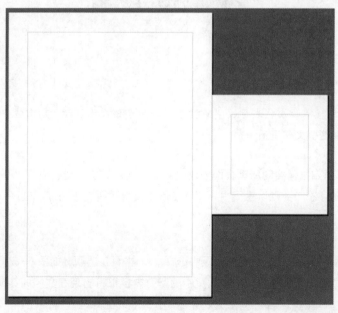

图 6-20

6.2.3 页面设置

页面设置通过"页面"面板来完成,"页面"面板有两个区域,上面设置母页,下面控制子页,本节主要讲解对子页的设置,母页将会在后续章节中进行详细讲解。

在"页面"面板上可以进行添加、删除(垃圾桶)、创建新页面、改变页面顺序(拖动)等调整。

"页面"面板以水平线为基准分为上下两个部分,水平线上方为母版页,下方为文档页面。每个新建文档都有一个叫作"A- 主页"的母版页,如图 6-21 所示。

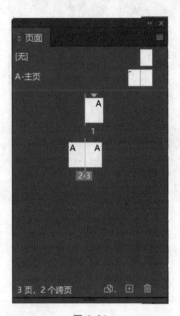

图 6-21

~~~~~~~~ 注意 ~~~~~~

文档页面中大写字母 A 代表母版"A- 主页"作用于该文档页面。所有放置在"A- 主页"中的内容都将出现在这些文档页面中。

在 InDesign 中如果需要对所有页面创建一致的元素,如参考线、边距、页码、页脚、标志、占位符框架等,都可添加到默认主页中。熟练使用主页母版有助于快速、准确、高效地工作。

【执行操作】

(1)在"属性"面板的"页面"面板中选择"A- 主页"选项,如图 6-22 所示。"A- 主页"即为应用于所有页面的默认母版页,母版页中的所有内容都将出现在文档的其他页面中。

(2)选择"A- 主页"后,即可在文档窗口中显示该主页。

(3)在主页中设置参考线,添加文本框,单击"文本工具",输入下方文字,单击"直线工具"，按住 Shift 键绘制直线，如图 6-23 所示。

图 6-22

图 6-23

（4）在"属性"面板中，单击更换"页面"选项组中的页数，会发现母版中编辑的内容同样出现在其他页面中，如图 6-24 所示。

图 6-24

在"A- 主页"上编辑的内容会以虚线边框的形式显示，以区别页面中的其他内容。虚线边框不会出现在导出的 PDF 中，也不会被打印出来。

在默认状态下，母版内添加的内容在使用"选择工具"选择页内容时不会被选中，如果要更改内容，需要在母版页中进行编辑。

主页内容在所有内容之下，如果页面有其他内容将主页内容覆盖住，可以在"页面"面板中选中该页面右击，在弹出的快捷菜单中选择"覆盖所有主页项目"命令，然后回到页面将该图层置于底层即可。

【执行操作】

（1）双击"A- 主页"页面，进入"A- 主页"，如图 6-25 所示。

（2）在"A- 主页"页面中输入数字 1，如图 6-26 所示。

图 6-25

图 6-26

（3）双击面板中任意子页回到子页页面，绘制一条蓝色的矩形，如图 6-27 所示，可以看到这时数字被遮盖住了。

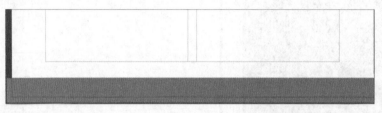
图 6-27

（4）在"页面"面板中选中该页面并右击，在弹出的快捷菜单中选择"覆盖所有主页项目"命令，如图 6-28 所示。

（5）回到该页面，选择蓝色矩形框并右击，在弹出的快捷菜单中选择"排列→置为底层"命令，如图 6-29 所示，这时"A- 主页"内容将可见。

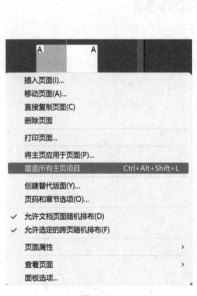
图 6-28

图 6-29

（6）新建主页，单击"页面"面板中的"A-主页"图标并向下拖曳到"页面"面板底部的"新建页面"图标上，释放鼠标即可创建一个名为"B-主页"的主页母版，如图 6-30 所示。

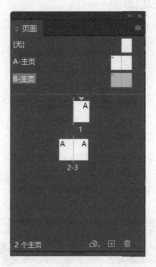

图 6-30

（7）移动光标到"页面"面板的水平线上，直至光标改变，可拖曳水平线调整面板上下两部分的高度。

"无"：若不想主页内容作用于文档中的某页面，可将名为"无"的主页应用于此页。用鼠标拖曳"无"缩略图到页面的第一页，当黑色矩形围绕缩略图时释放鼠标，大写字母 A 从该页面中消失，如图 6-31 所示。

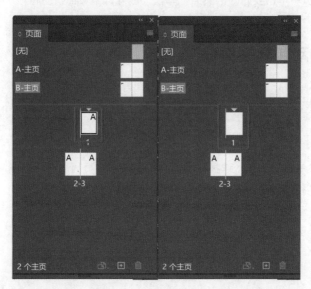

图 6-31

将 [B-主页] 应用于某页面：拖曳"B-主页"缩略图到指定页面，当黑色矩形围绕缩略图时释放鼠标，页面缩略图大写字母变为 B，"B-主页"上的内容将出现在该页面中。

6.2.4　插入与删除页面

在"页面"面板中，可以自由地对页面进行拖曳、复制、删除、重组等操作，从而更好地管理页面。

1．插入页面

选择"版面→页面→插入页面"命令。

在"页面"面板中选择要插入页面的位置右击，在弹出的快捷菜单中选择"插入页面"命令，在"插入页面"对话框中输入要插入的页数和插入位置，如页面后、第 4 页，如图 6-32 所示。

图 6-32

若要快速插入页面，在"页面"面板中通过右击添加即可。

2．删除页面

在"页面"面板中单击要删除的页面，直接拖曳至面板下方的"删除选中页面"图标上。
在"页面"面板中单击要删除的页面，单击"删除选中页面"图标。

6.2.5　移动和复制页面

在"页面"面板中，可以移动和复制页面。

1．移动页面

- 使用移动命令移动页面：选择"版面→页面→移动页面"命令，或从"页面"面板的菜单中选择"移动页面"命令。
- 通过拖曳移动页面：选中页面后拖曳页面到想要移动的位置，直至出现竖条后释放。
- 想移动多个页面、跨页：按住 Shift 键进行叠选后再进行移动。

2．复制页面

- 单击跨页下方的页码并将其拖曳至面板底部的"新建"按钮上。
- 在"页面"面板中选中页面或跨页下方的页码，按住 Alt 键向下拖曳即可复制该页面。
- 右击要复制的页面或跨页，在弹出的快捷菜单中选择"直接复制页面"或"直接复制跨页"命令即可。

6.2.6　制作超长页面

在实际的设计中会遇到各种较长尺寸的版面设计，如三折页、风琴页，书籍封面、封底、书脊和勒口的设计等。要保证画面的整体性和连贯性，就需要制作一个超长的页面，用来帮助用户在同一个版面中进行设计。

【执行操作】

（1）按快捷键 F12，弹出"页面"面板。

（2）单击面板菜单按钮，取消选中"允许文档页面随机排布"复选框，如图 6-33 所示。

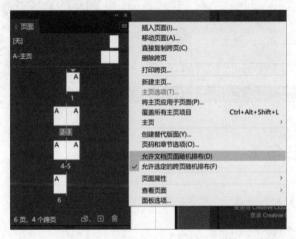

图 6-33

用鼠标点选要移动的页面并拖曳到连排的页面后方，松开鼠标，即可实现多页面连排。单击页面图标下方的页码可对跨页同时进行拖曳移动。

（3）单击工具箱中的"页面工具" ，或按快捷键 Ctrl+Shift+P 可更改页面尺寸。

⁓ 注意 ⁓

当使用"页面工具"修改尺寸时，如果要修改的尺寸小于原来页边距的尺寸则不能修改。所以要使用"页面工具"，在页面初始设置时，页边距最好为 0。

⁓ 练习 ⁓

根据本节学习的内容，打开文档，删除页面 5 后的空白页，并在第 3 页后插入一个尺寸为 210 毫米 × 285 毫米的页面。

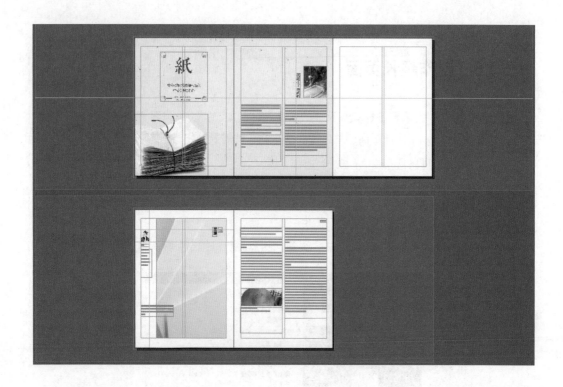

6.2.7 章节与页

选择"版面→页码和章节选项"命令，弹出"新建章节"对话框，如图 6-34、图 6-35 所示。

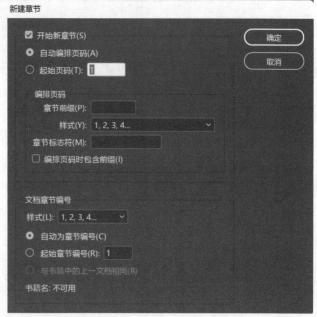

图 6-34   图 6-35

在"新建章节"对话框中选择"自动编排页码"单选按钮，如图 6-36 所示。设置页面参数，如图 6-37 所示。

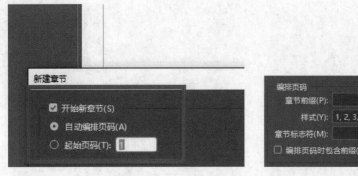

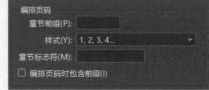

图 6-36   图 6-37

设置样式编码，如图 6-38 所示。

图 6-38

Id

第7章
视图与辅助线的管理

7.1 视图管理

在视图菜单中罗列了专门用于查看文档的命令，可以通过"视图工具"查看设计稿件的设计效果，并使用"放大"/"缩小"命令查看文档的整体效果和细节，如图 7-1 所示。

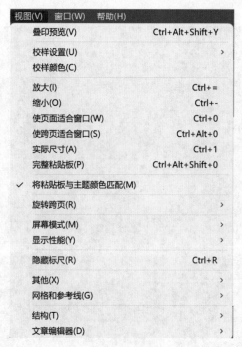

图 7-1

7.1.1 窗口控制

选择"窗口→控制"命令，或按快捷键 Ctrl+Alt+6，弹出控制栏面板，如图 7-2 所示。

图 7-2

7.1.2 屏幕模式

要切换到"屏幕模式"，可以选择"视图→屏幕模式→正常"命令。

7.1.3　显示性能

选择"编辑→首选项→显示性能"命令，在弹出的对话框中可以对默认视图、视图设置等进行调整，如图 7-3 所示。

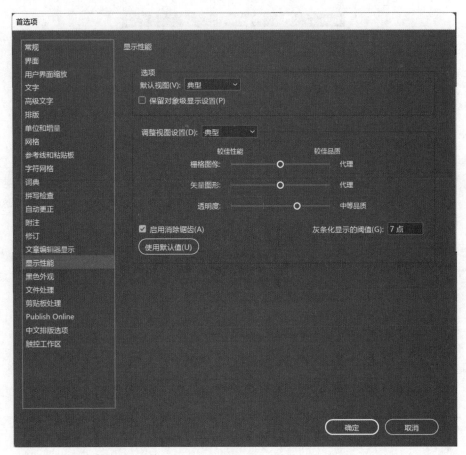

图 7-3

7.1.4　视图缩放

视图缩放可以选择"视图→放大 / 缩小"命令，或按快捷键"Ctrl+="（放大）/"Ctrl+-"（缩小）。

- 选择"视图→放大"命令，可以放大文档显示。
- 选择"视图→缩小"命令，可以缩小文档显示。
- 选择"视图→使页面适合窗口"命令，可以使当前页面适合窗口大小显示。

- 选择"视图→使跨页适合窗口"命令，可以使页面中的跨页适合窗口大小显示。
- 选择"视图→实际尺寸"命令，可以使当前页面以 100% 比例显示。
- 选择"视图→完整粘贴板"命令，可以显示当前文档中的所有页面及跨页。

除了使用"视图"菜单，还可以通过左侧工具栏中的"缩放显示工具"（快捷键 Z）进行文档的缩放控制。

【执行操作】

（1）单击左侧工具栏中的"缩放显示工具"或按快捷键 Z，当光标显示为 ⊕ 时，表示调出"缩放显示工具"。

（2）将光标移至要放大的文档处，单击即可放大文档。连续单击即可不断放大文档。

（3）若要缩小文档，按住 Alt 键，这时光标变为 ⊖，单击即可缩小文档。

7.2　辅助线的应用

InDesign 提供了各种辅助线来帮助用户在排版中更精确地进行元素定位，InDesign 辅助线包括标尺辅助线、边距、栏、网格文本参考线（中文用文本网格）、基线网格等。

辅助线一般只用于辅助显示，常规打印命令下不可打印。辅助线通常以不同颜色进行区分，图 7-4 所示为默认状态下不同辅助线的使用颜色。辅助线通常只是用于参考，打印时默认为不显示。辅助线的作用是帮助文档更加规范化。

修改辅助线的颜色可以选择"编辑→首选项→参考线和粘贴板"命令，在"参考线和粘贴板"对话框中进行更改，如图 7-4 所示。

图 7-4

"参考线置后"：选中该复选框后，参考线将置于文档元素之后。

7.2.1　版心和出血

版心居于版面中心，除四周空白区域，放置文字、插图、图表等主要内容的部分。在一般情况下，正文内容不会超出版心区域。

对于页面较多、纸张较厚的书籍，版心内边距要设置得相对大一些，一般设置为 25 毫米左右为宜，具体的数值可根据实际情况调整。工具类图书或小开本图书为了能够放置更多的内容，外边距会设置得小一些。消遣类图书外边距会设置得大一些。

版心上下的空白处称为天头、地脚。通常在天头处放置页眉，如企业名称、书籍名称等；在地脚处放置页脚，如一些辅助信息、书籍页码等。但根据实际设计的需要，也可以进行灵活的版式设计。

中间空白区起到版面衔接的作用，叫作"订口"，也称"内白边"，是书籍装订的区域；而切口是指印刷时用来裁切的边缘，如图 7-5 所示。

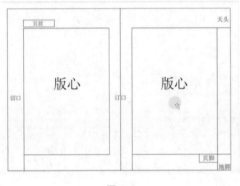

图 7-5

在 InDesign 软件中，版心通过边距线规定出来，在默认状态下表现为唇膏色■。

印刷过程中由于纸张裁切不精确而导致纸张边缘漏出白边的情况，可以通过设置出血线来解决，如图 7-6、图 7-7 所示。

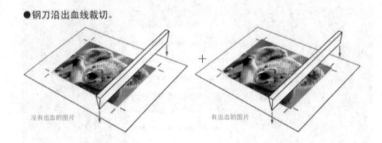

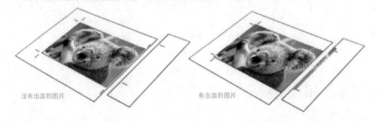

图 7-6

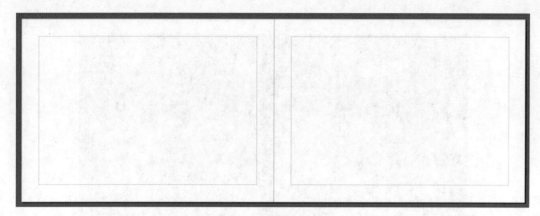

图 7-7

7.2.2　分栏

　　在书籍、报纸和杂志的排版过程中，通常将文字分为两竖排或多竖排的版面区域，这样设计出的版面具有一定的秩序性与逻辑性，美观易读。InDesign 提供了两种分栏方式，一是页面分栏，二是文字块分栏。下面来介绍它们的具体操作方式。分栏辅助线在默认状态下表现为淡紫色■，如图 7-8 所示。

图 7-8

1.　页面分栏

页面分栏是指基于文档版面进行的分栏方式，分栏后文字框沿着版心和分栏进行排版。

【执行操作】

选择"版面→边距和分栏"命令，在"边距和分栏"对话框中进行设置，如图 7-9 所示。

图 7-9

单击栏数上下箭头或直接输入数值更改文档分栏数，一般根据设计用途、设计风格等分为 2 栏、3 栏、4 栏、5 栏等。栏间距数值越大，版面设计越松散，为了便于阅读，栏间距不要小于 5 毫米，一般以 5~8 毫米为宜，如图 7-10 所示。

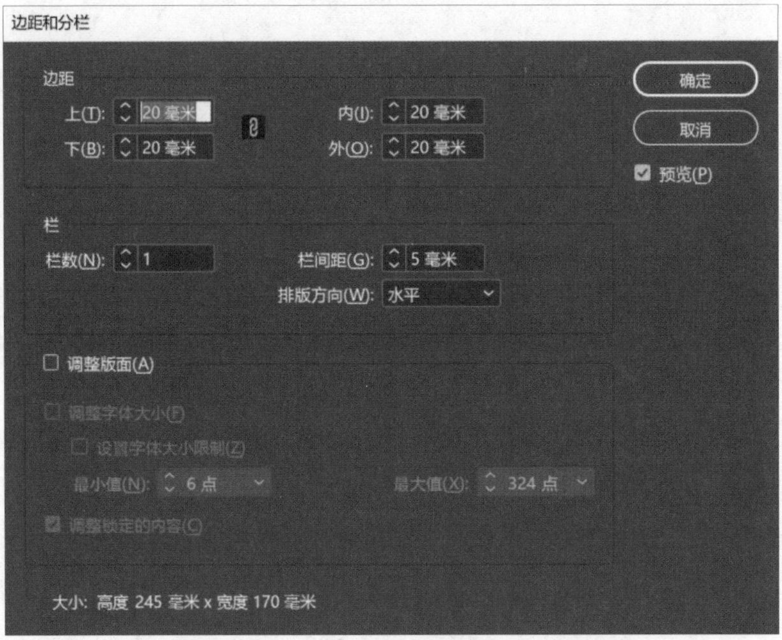

图 7-10

版面调整：选中后文档内容随边距及分栏的调整而变化，如图 7-11、图 7-12 所示。

图 7-11

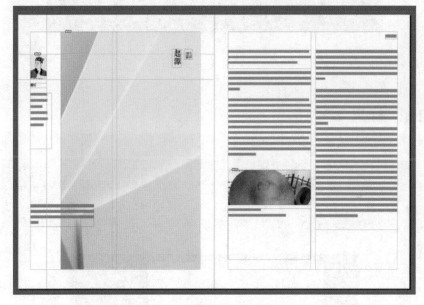

图 7-12

2. 文字块分栏

文字块分栏是指在同一文字框内进行的分栏方式。

页面分栏可以初步确定整个版面的文字排布情况，但是若文档文字需要混栏排布，即同一版面内上面文字按 2 栏排布、下面文字按 3 栏排布，则不能满足需求，此时就可以使用文字块分栏。灵活使用文字块分栏可以使页面排版更加个性化、灵活化。

【执行操作】

选择"对象→文本框架选项"命令，在"文本框架选项"对话框中可以选择文本框架的"栏数""栏间距"、栏宽度。这种分栏在同一个框架内进行，如图 7-13 所示。

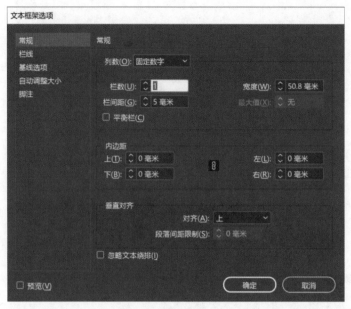

图 7-13

7.2.3　标尺参考线

参考线的设置可以帮助用户精确定位版面中的图形、文字等元素，对齐精确的版面设计不仅便于阅读，还能够产生整齐又规律的视觉效果。标尺参考线又分为页面参考线和跨页参考线。页面参考线是指参考线仅在当前选定的页面上显示。跨页参考线是指参考线显示在所有页面上。在默认状态下，标尺参考线表现为绿色，在选中状态下表现为蓝色，如图 7-14 所示。

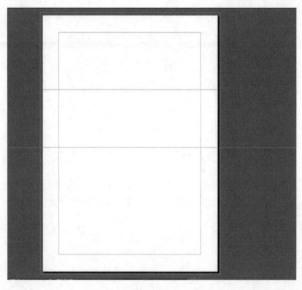

图 7-14

【执行操作】

（1）选择"视图→显示标尺"命令或按快捷键 Ctrl+R 创建标尺。使用标尺参考线要确保标尺被调出，否则将不能使用。

（2）双击标尺上的 X 轴或 Y 轴可快速创建参考线；将光标移动到标尺的 X 轴上按住不放进行拖曳，可创建页面参考线；拖曳参考线到粘贴板上或按住 Ctrl 键可创建跨页参考线；将光标移动到标尺的 Y 轴上按住不放进行拖曳或从 X 轴进行拖曳并按住 Alt 键，可创建竖向参考线。

（3）精确创建参考线：在选中参考线的状态下，在"参考线"面板中输入精确数值。X 选项可修改竖向参考线位置，Y 选项可修改横向参考线位置，如图 7-15 所示。

图 7-15

选择"版面→创建参考线"命令，可在弹出的对话框中设置参考线的精确数值，如图 7-16 所示，可设置适合的"行数"、"行间距"、"栏数"及"栏间距"。在"选项"选项组中"参考线适合"项下选择"边距"单选按钮，参考线将按照边距框内的距离进行划分；选择"页面"单选按钮，则参考线将按照整个页面的长宽进行划分。选中"移去现有标尺参考线"复选框后，页面中原有参考线将被移除。

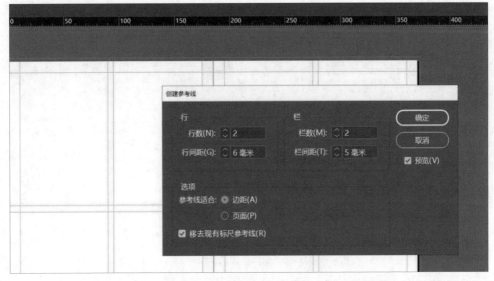

图 7-16

（4）参考线的显示和隐藏。选择"视图→网格和参考线→隐藏参考线"命令或按快捷键 Ctrl+; 可隐藏参考线，再按快捷键 Ctrl+; 可显示参考线。

（5）删除参考线。单击要删除的参考线，在选中状态下参考线显示为紫红色，按 Delete 键即可删除该参考线。若要删除页面中所有参考线，在选中任意一条参考线后右击，在弹出的快捷菜单中选择"删除跨页上的所有参考线"命令，如图 7-17 所示。

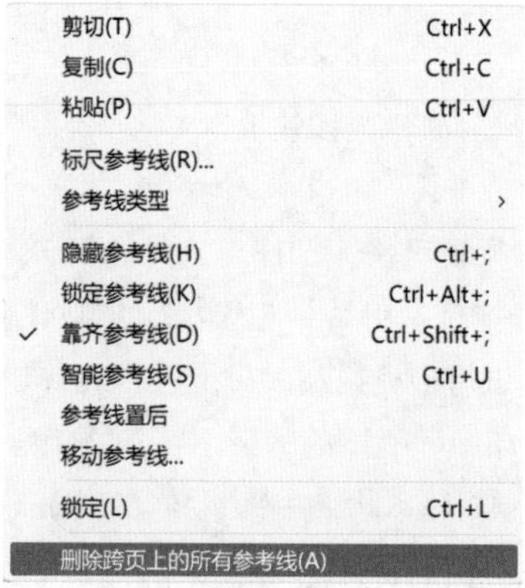

图 7-17

（6）锁定参考线的快捷键是Ctrl+Alt+; 或者选择"视图→网格和参考线→锁定参考线"命令。

（7）修改参考线颜色可选择"版面→标尺参考线"命令。

（8）使用智能参考线与靠齐参考线功能可选择"视图→网络和参考线→智能参考线"命令与"视图→网络和参考线→靠齐参考线"命令。

注意

启用标尺后才可以设置标尺参考线；参考线可以手动拖动标尺产生，也可以在"版面"菜单中精确创建；设置的辅助线在导出PDF文档后不会显示出来，除非在导出时设置导出参考线，才会显示。

如果参考线没有显示，可在工具栏中检查视图模式，在"预览"视图模式下，参考线不可见。确保界面处于"正常"视图模式。

【执行操作】

选择"视图→参考线"命令，确保"参考线"命令被选中。

7.2.4 网格参考线

InDesign提供了将多个段落根据其罗马字基线进行对齐的基线网格、将对象与正文文本大小的单元格对齐的版面网格和用于对齐对象的文档网格，用于将文本对齐的框架网格。基线网格或文档网格通常用在不使用版面网格的文档中。

1. 版面网格

版面网格可以根据需要修改字体大小、描边宽度、页面数等，创建自定义版面。

使用版面网格进行初期版面规划时可使用占位文本和占位图片，当图片和文本内容准备好后直接填入框内，即可完成整个版面的设计。

版面网格比较适合方块字（中、日、韩）的排版。将版心中的网格作为基准，有利于 CJK 排版中的字符齐行、字数统计和行数安排。整齐划一的网格可以用作定位图片和文本参考。

在版面网格中可以设置字体类型、字体大小、字间距、字行距、字符数、行数等参数。在版面网格的基础上使用网格文本框和图片框，能够设计出格式化的杂志、报纸等出版物，使排版更加快捷。

【执行操作】

在"版面网格"对话框中设置版面网格属性。

- 方向：设置文字书写方向，可以选择"水平"和"垂直"两项。
- 字体：设置文字的字体样式。
- 大小：设置版面网格中基准字符的大小。
- 字间距：设置网格中基准字体的字符之间的距离。数值越大，字体之间的间隙就越大。
- 行和栏：设置版面网格的分栏数和栏间距，以及网格包含的行数和每行的字符数。
- 起点：设置字符网格相对于整个页面的起始位置。

版面网格可以指定给主页或文档页面。一个文档内可以包括多个版面网格设置，但不能将其指定给图层。

版面网格显示在最底部的图层中。使用者无法直接在版面网格中输入文本。版面网格的主要用途在于根据正文文本区域的网格大小设置页边距。

2．文档网格

选择"编辑→首选项→网格"命令，弹出"网格"面板。

使用者可以在"颜色"下拉列表框中选择一种颜色来指定文档网格的颜色，也可以选择"自定"选项进行自定义。

- 设置水平网格边距：在"文档网格"选项组中为"水平"分组的"网格线间隔"指定一个数值，然后为每个网格线之间的"子网格线"指定一个值。
- 设置垂直网格边距：在"文档网格"选项组中为"垂直"分组的"网格线间隔"指定一个数值，然后为每个网格线之间的"子网格线"指定一个值。

注意

要将文档和基线网格置于其他所有对象后，可选中"网格置后"复选框；要将文档和基线网格置于其他所有对象之前，可取消选中"网格置后"复选框。

3．框架网格

【执行操作】

（1）置入文字，单击选中文本框。选择"对象→框架类型→框架网格"命令，如图 7-18 所示。

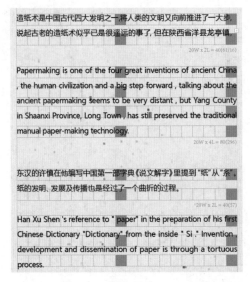

图 7-18

（2）按快捷键 Ctrl+D 置入文档，此时文字并没有规矩地落在每个网格中，而是参差地分布着。选择"窗口→文字和表→段落"命令，或按快捷键 Ctrl+Alt+T，如图 7-19 所示，系统弹出"段落"面板。

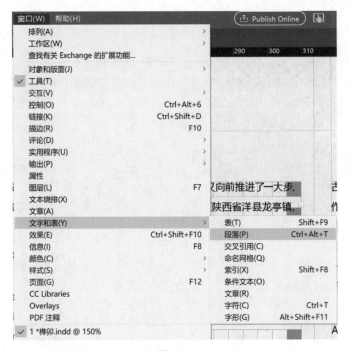

图 7-19

（3）选择要进行对齐的段落或者文字，然后单击"段落"面板右上角的菜单按钮，在弹出的下拉菜单中选择"网格对齐方式"中的相应选项（默认状态为无）。应用相应的网格对齐方式之后，文本就与框架网格对齐了，如图 7-20、图 7-21 所示。

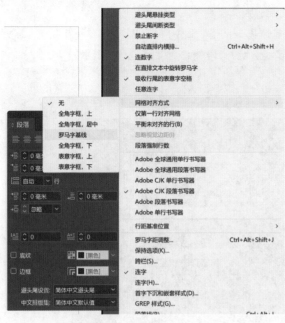

图 7-20 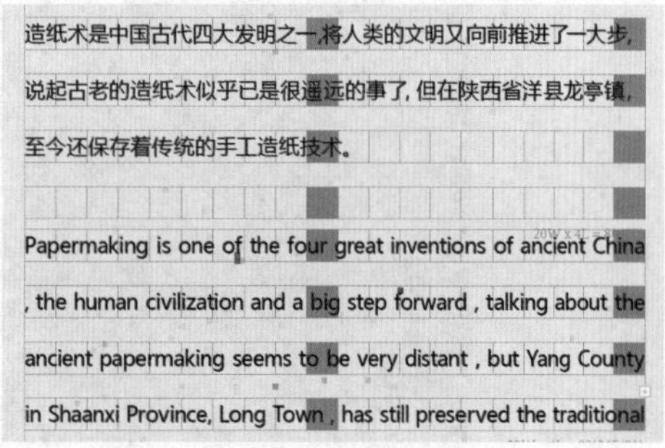　　　　　　　　　　　　　　　　图 7-21

4. 基线网格

在设计版式的过程中，由于标题或图片排版的需要，难免出现相邻文本栏和页面中文字不能水平对齐的情况，通过使用基线网格可以使文档中不同分栏的所有文字对齐到基线上，使文档文字水平对齐，如图 7-22 所示。

图 7-22

【执行操作】

（1）选择"视图→网格和参考线→显示基线网格"命令，或按快捷键 Ctrl+Alt+'。

注意

基线网格设置是针对整个文档，而不是当前页面。

（2）选择"显示基线网格"命令后，需要放大文档基线网格才可见。

（3）若想显示基线网格，选择"编辑→首选项→网格"命令，在"基线网格"选项组的"视图阈值"中更改阈值参数大小，如图7-23所示。当视图阈值参数变小后，文档即使在缩小状态下，基线网格也能如常显示。

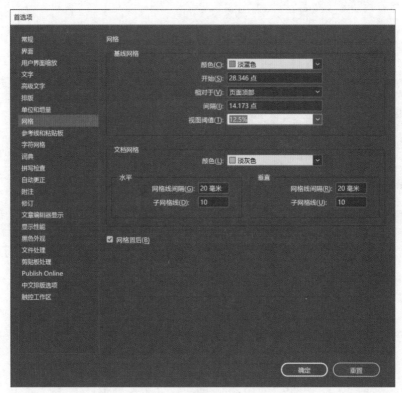

图 7-23

（4）通过"首选项"设置基线参考线时，基线参考线的设置要考虑文档设计的风格、版心以及天头地脚需要预留的面积。不同的设计风格会影响版面预留大小、字号大小等，一般杂志内文的字号为 8.5~9.5 点。如设计的杂志以老年群体为主，字号就要相应地调大一些，以便于老年人阅读；如果是体育方面的杂志，设计风格就要有动感、有活力，字号就要相应地小一些。

（5）新建文档，设置页边距和分栏，如图7-24所示。

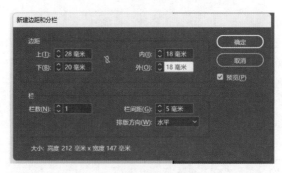

图 7-24

（6）选择"文件→置入"或按快捷键 Ctrl+D 置入文字，设置内文字号为 9pt，拉动参考线确定文字第一行底端位置为 31 毫米，如图 7-25、图 7-26 所示。

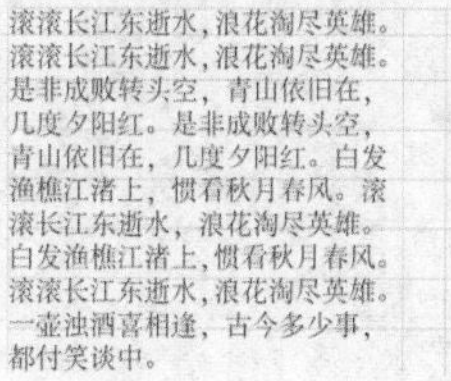

图 7-25　　　　　　　　　　　　　图 7-26

（7）设置基线网格开始位置，相对于页面顶部，开始于 31 毫米，如图 7-27、图 7-28 所示。

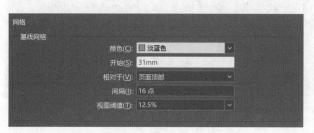

图 7-27 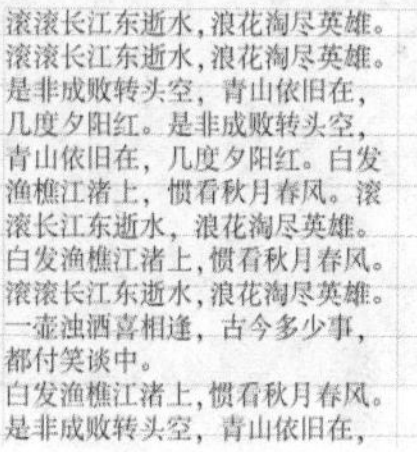　　　　　　　　　　　　　　　　　图 7-28

（8）选中文字，将文字应用于"基本段落"样式，选择"文字→段落样式"命令，或按快捷键 F11，在"段落样式选项"左侧选择"基本字符样式"命令，在右侧"基本字符格式"选择区域设置字体系列为思源黑体、大小为 9pt。选择左侧"网格设置"命令，选择网格对齐方式为基线，如图 7-29、图 7-30 所示。

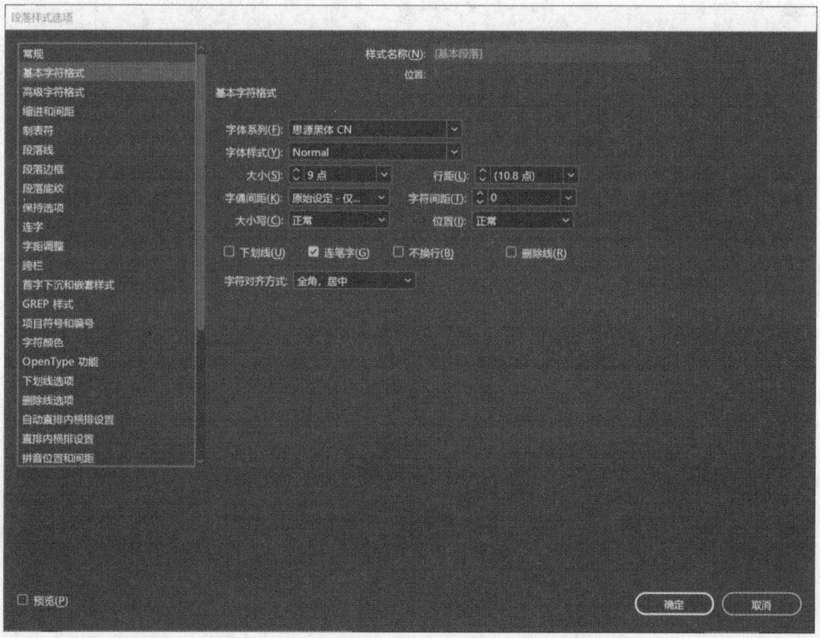

图 7-29

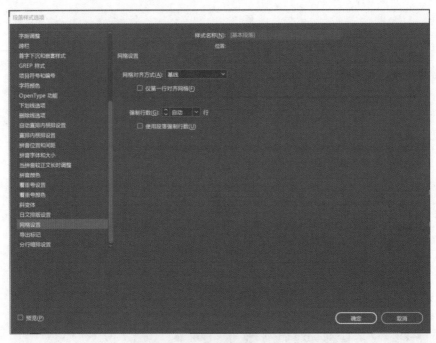

图 7-30

（9）创建段落样式，在弹出的对话框中将样式名称命名为"标题"，并设置字体样式为思源黑体，Bold，大小为12pt。选择左侧"网格设置"命令，更改网格对齐方式为无。在左侧选择"缩进和间距"命令，更改标题一的段前距、段后距，单击"确定"按钮，这样即使标题行间距改变，其余文字仍然水平对齐。将设置好的样式应用于标题段，如图7-31、图7-32所示。

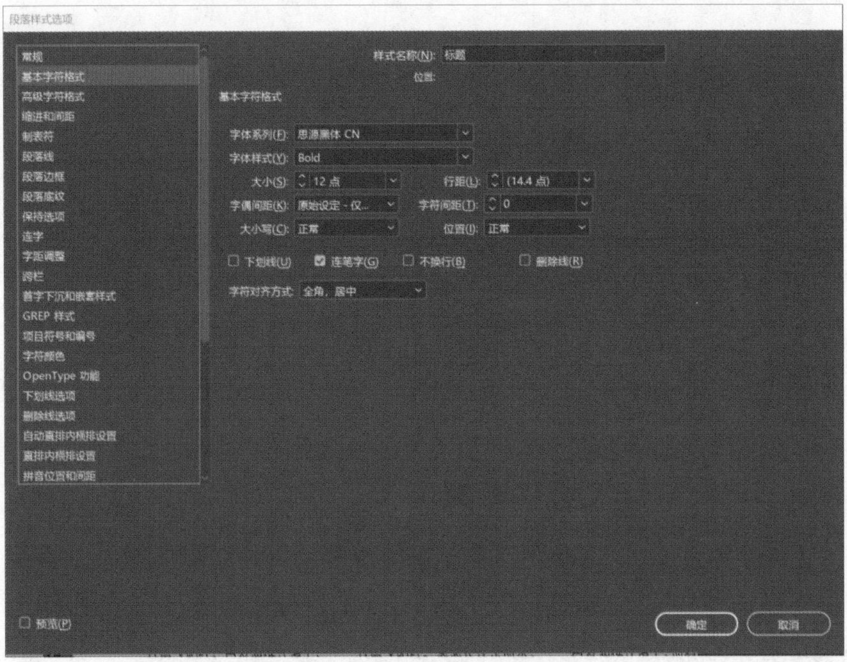

图 7-31

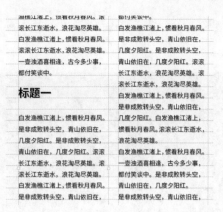

图 7-32

注意

行间距是指一行文字一端到另外一行文字一端的距离。

在文本框架内也可以设置使用基线网格，设置方法相同，但是此基线网格只作用于该文本框架内。

7.2.5　辅助线训练

1. 制作三折页版式

（1）单击"新建"按钮，在"预设详细信息"面板中设置尺寸为 210 毫米 × 285 毫米，方向为横向。

在"出血和辅助信息区"中设置上、下、左、右各出血 3 毫米，如图 7-33、图 7-34 所示。

图 7-33

图 7-34

（2）单击"边距和分栏"按钮，输入边距数值为 10 毫米，"栏数"为 3，"栏间距"为
10 毫米，如图 7-35 所示。

图 7-35

（3）选择"属性"面板下的"编辑页面"选项，在弹出的面板中单击"边距和分栏"按钮，
执行与上一步相同的操作，如图 7-36 所示。

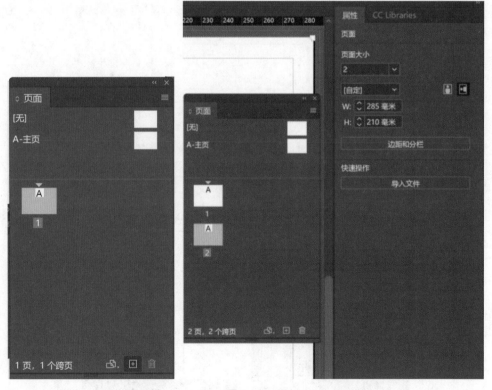

图 7-36

（4）三折页页面版式设置完成，如图 7-37 所示。

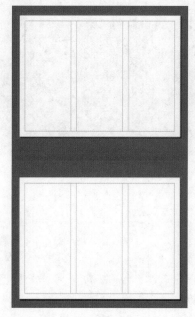

图 7-37

2．制作杂志内页版式

杂志又叫期刊，是一种定期连续出版物，按照出版间隔时间可以分为周刊、月刊、季刊等。一本杂志包含了封面、目录、内页、版权页、封底等部分。国内杂志尺寸通常以大 16 开（210 毫米 ×285 毫米）及正 16 开（260 毫米 ×185 毫米）居多，下面就使用大 16 开来创建杂志内页。

（1）新建文档，如图 7-38、图 7-39 所示。

图 7-38

图 7-39

（2）设置页边距和分栏。杂志边距根据具体版面内容确定，一般建议杂志上边距和下边距不要小于 8 毫米，如图 7-40 所示。这里设置边距"上"为 18 毫米，"下"为 20 毫米，"内"为 15 毫米，"外"为 13 毫米，"栏数"为 3，"栏间距"为 5 毫米。

图 7-40

—— 注 意 ————————————————————

印刷中有"开本"和"开数"的说法。"开本"指的书刊幅面的大小，"开数"指的是整张纸能够被裁开的张数。16 开就是把一整张纸切成 16 张尺寸相等的页面。16 开纸一般分为两种尺寸：正 16 开（210 毫米 × 185 毫米），大 16 开（210 毫米 × 285 毫米）。杂志的边距可以根据实际的排版方式而定，但要注意的是边距的设置不要小于 5 毫米，一般在 10~20 毫米为宜。

（3）一般杂志会分成不同的栏目，这些栏目都是固定的，可以利用"主页嵌套"功能将其设定成模板，提高工作效率。双击"A- 主页"，在"A- 主页"页面绘制一个红色矩形，如图 7-41 所示。

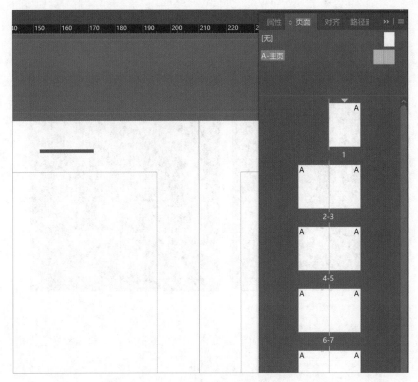

图 7-41

（4）新建主页。在"新建主页"对话框中选择"基于主页"为"A- 主页"，如图 7-42 所示。

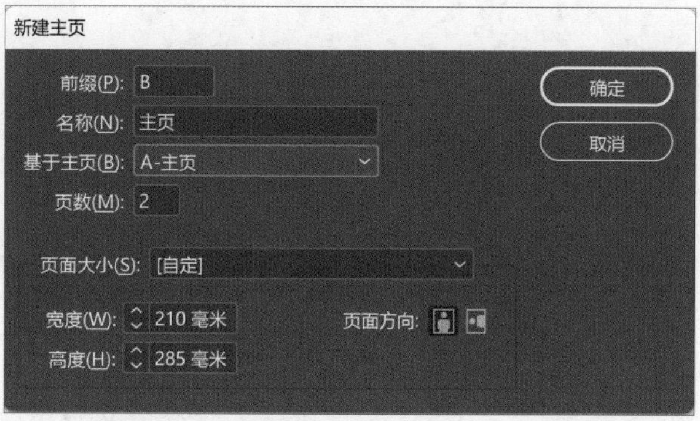

图 7-42

（5）双击进入 B 主页，由于 B 主页嵌套了 A 主页的内容，所以 A 主页的全部内容都将在 B 主页显示。在矩形框后插入栏目名称，如图 7-43 所示。

珠宝设计

图 7-43

（6）要创建新的栏目可重复执行步骤（5），新建基于"A- 主页"的主页即可。

练习

根据本章学习内容，查看下图并思考以下几个问题。

1. 画册的尺寸、边距和出血是多少？下图画册页面被分成了几栏？

2. 画册的页眉和页脚是在边距内还是边距外？为什么要这样放置？

3. 页面的设计用到了哪些参考线？

造紙。壹拾柒步

Seventeen steps of making paper

紙

造紙。壹拾柒步

Seventeen steps of making paper

紙

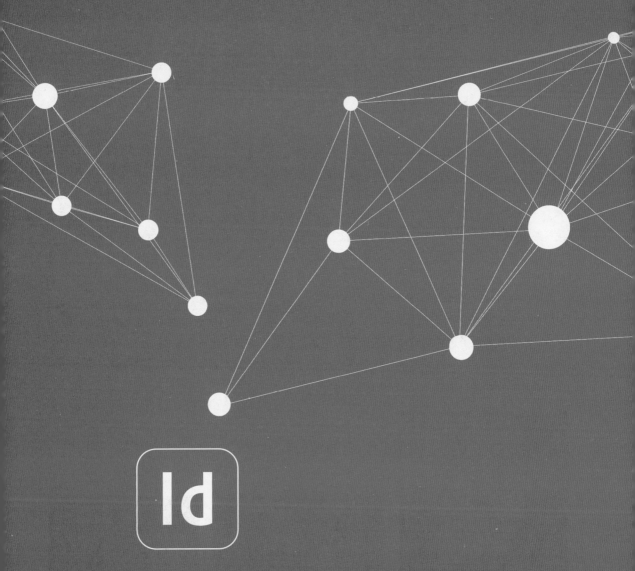

Id

第 8 章

图形的编辑与应用

8.1　图形和图像的区别

图形一般指矢量图形，也称为面向对象的图像或绘图图像，在数学上定义为一系列由线连接的点。Adobe InDesign 和 Adobe Illustrator 可绘制出矢量图形，这些图形由平滑的线组成，也就是说矢量图同分辨率无关，即使无极限放大也不会出现图片模糊的情况，比较适用于插图、文字等需要缩放不同尺寸的图形。但是矢量图形难以表现色彩层次丰富的逼真图像效果，无法产生色彩艳丽、复杂多变的图像，如放大图 8-1 后，效果如图 8-2 所示。

图像一般指位图图像，也称为点阵图像，由称为像素的小方块组成；每个像素都映射到图像中的一个位置，并具有颜色数字值。位图图像一般由 Adobe Photoshop 等图像软件进行编辑修改。位图图像能够产生极佳的颜色层次。但是位图清晰度与分辨率息息相关，也就是说，在实际大小下效果不错，但在缩放时，或在高于原始分辨率的情况下显示，或打印时，会显得参差不齐或降低图像质量，如图 8-3 所示。

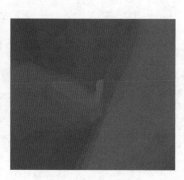

图 8-1　　　　　　　　　　　图 8-2　　　　　　　　　　　图 8-3

8.2　在出版物中哪些地方会用到图形

在设计过程中，常尝试着将文字、图片等信息分级处理，通过矢量图形的绘制，形成线条、块、面等不同的图形形状，利用图形将特定的空间按照一定的方法划分成若干形态后，再进行文字信息的重组，其视觉效果强烈醒目，画面空间丰富，信息主题清晰、层次分明。

分割空间是合理调节空间关系的过程。灵活、合理地利用图形分割页面信息会让工作更有条理，如图 8-4、图 8-5、图 8-6 所示。

图 8-4

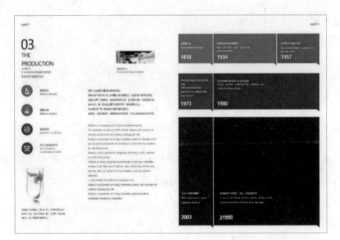

图 8-5

图 8-6

8.3 图形的创建

在 InDesign 中，可以绘制大量的图形，绘制的图形就是路径。将基本图形进行编辑、组合，可以得到更多丰富的路径形状。通常只有掌握了路径、锚点、方向线和方向点的使用方法以及特点，才能更方便快捷地调整路径，从而设计制作出绚丽多彩、具有丰富艺术感的图形效果。

在 InDesign 中，绘制的路径表现为不可见的虚拟的线，分为开放路径和封闭路径。

- 开放路径：指路径的起点终点不相接，如直线、折线、弧线等，如图 8-7 所示。
- 闭合路径：指路径的起点终点相接，如圆形、方形、五角形等，如图 8-8 所示。

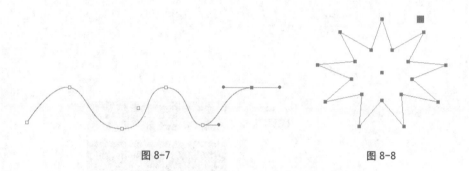

图 8-7   图 8-8

路径由锚点、方向线、端点、中心点组成，如图 8-9 所示。

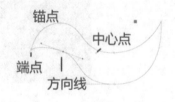

图 8-9

- 锚点：类似于固定线条的针，通过编辑路径的锚点，可以改变路径的形状，从而也就能改变矢量图形的形状。锚点分为角点和平滑点。路径突然改变方向处的点叫角点；平衡曲线段的锚点又叫平滑点。
- 端点：指开放路径中的开始锚点和结束锚点。
- 中心点：独立于路径锚点外的点，标记形状的中心位置，方便绘制时作位置参考。中心点不可隐藏或删除。
- 方向线：锚点处出现的可以控制曲线方向和弧度的线。

8.3.1 直线工具

选择工具栏中的"直线工具"或按快捷键"\"。

在绘制区单击页面内一点并拖曳鼠标即可绘制任意方向的直线，如图 8-10 所示。

在绘制区单击页面内一点并按住 Alt 键，拖曳鼠标即可绘制从中心点向两边延伸的直线，如图 8-11 所示。

在绘制区单击页面内一点并按住 Shift 键，拖曳鼠标即可绘制水平和垂直方向的直线，如图 8-12 所示。

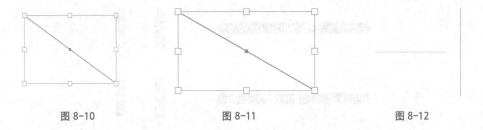

图 8-10　　　　　　　　　　　图 8-11　　　　　　　　　　　图 8-12

绘制好的直线如果需要调整，可在"属性"面板中进行编辑，如图 8-13 所示。

- 填色：当图形为封闭路径时，才可对路径进行填色。
- 描边：可设置颜色、描边粗细以及线条类型。单击"描边"按钮可在弹出的面板中进行更详尽的设置，如图 8-14 所示。

图 8-13

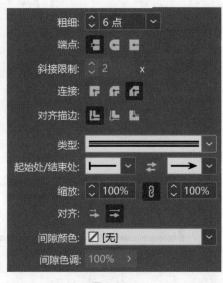

图 8-14

> 粗细：描边的宽度。

> 端点：开放路径两端的显示方式，一共有 3 种。"平头端点"，线段描边在锚点处终止；

"圆头端点"，路径末端向外延伸出一个半圆；"投射末端"，路径锚点末端处延长，如图 8-15 所示。

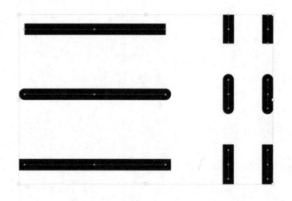

图 8-15

> 斜接限制：在使用"斜角连接"时，通过增加和减少斜接限制的数值来改变角的变化。数值越大，角度越大，如图 8-16 所示。

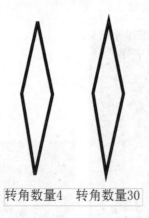

转角数量4　　转角数量30

图 8-16

> 连接：有 3 种连接方式。"斜接连接"，转角外端为尖角；"圆角连接"，转角外端为圆形；"斜面连接"，转角外端为角被切去一块的斜切面，如图 8-17 所示。

图 8-17

> 类型：列表框可以选择各种线段样式，如图 8-18 所示。
> 对齐描边：描边和路径之间的对齐方式。分别为描边对齐中心、描边居内、描边居外，如图 8-19 所示。

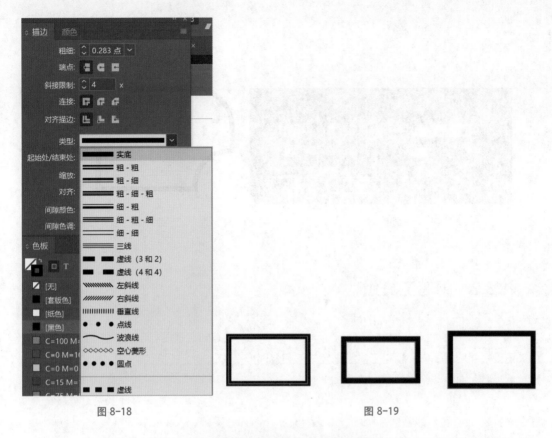

图 8-18　　　　　　　　　　　　　　　　　　　　图 8-19

> 　起始处 / 结束处：在下拉列表框中可以选择路径两端的形状，如图 8-20 所示。

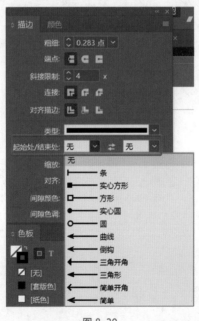

图 8-20

■　不透明度：调整线条的透明程度，数值越小，图形显示越不明显。

■ 边角：选择菜单栏"对象→角选项"命令可弹出"角选项"对话框，对图形的边角样式及粗细进行设置，如图 8-21、图 8-22 所示。

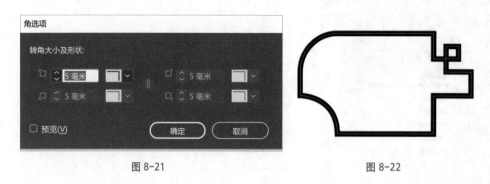

图 8-21   图 8-22

8.3.2　钢笔工具组

简单、规律的图形借助基本图形工具就可以完成，但是如果需要绘制复杂图形或是不规则的矢量图形，就需要借助钢笔工具组来完成。矢量图形是由贝塞尔曲线组成的图像，钢笔工具就是绘制贝塞尔曲线非常重要的工具。

【执行操作】

选择工具栏中的"钢笔工具"按钮或按快捷键 P。

在绘制图形过程中，可以根据光标的显示状态来判断当前所选择的工具。

在页面任意位置单击创建锚点，连续单击（不要拖曳）即可绘制直线路径。若想让方向线保持水平、45°角或垂直，可在拖动鼠标添加锚点的同时按住 Shift 键，如图 8-23 所示。

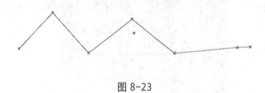

图 8-23

单击并拖动鼠标以添加锚点，可以绘制各种曲线路径。同样按住 Shift 键，可控制方向线保持水平、45°角或垂直，如图 8-24、图 8-25 所示。

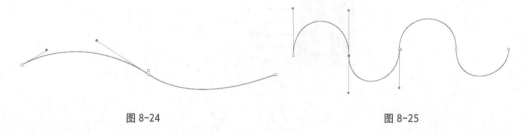

图 8-24   图 8-25

~~~ 注意 ~~~

使用"钢笔工具"绘制时按住 Alt 键可调整手柄状态。绘制完成后,可使用"转换方向点"工具调整手柄属性,利用"直接选择"工具调整锚点和手柄。

绘制时按住 Alt 键调整手柄状态,如图 8-26 所示。

图 8-26

绘制时双击锚点中心点,可绘制一端为直角的线段,如图 8-27 所示。

图 8-27

- 添加锚点:单击工具栏中的"钢笔工具→添加锚点工具" ✎或按快捷键"+"(加号),可在路径任意除锚点外的位置添加一个新的锚点。首先选中路径,在选中状态下单击路径任意位置添加锚点。
- 删除锚点:单击工具栏中的"钢笔工具→添加锚点工具" ✎或按快捷键"-"(减号),可删除路径上的任意锚点。删除锚点后,路径会自动调整形状而不会影响路径的开放或闭合属性。
- 转换锚点方向:单击工具栏中的"钢笔工具→转换方向点工具" ▶或按快捷键 Shift+C,可将平滑锚点转化为直角点。要将直角点再次转化为平滑曲线,单击该锚点按住鼠标左键拖曳,即可出现方向线。

8.3.3　铅笔工具组

1. 铅笔工具

铅笔工具可以绘制任意形状的路径,使用灵活方便,是绘制图形中不可或缺的一种路径绘制工具。使用铅笔工具绘制得到的图形类似于手绘效果,可以通过鼠标控制方向,灵活性不是很好,需要后期进行编辑、调整。

【执行操作】

选择工具栏中的"铅笔工具"或按快捷键 N。

按住鼠标左键不放，一直拖曳进行绘制，即可绘制出任意开放或封闭路径。

双击"铅笔工具"，在弹出的"铅笔工具首选项"对话框中可进行以下设置，如图 8-28 所示。

- 保真度：控制路径的精确度。保真度数值越大，所画曲线锚点越少；数值越小，所画曲线锚点越多。数值越小节点越多，越不平滑。节点越少曲线越平滑。平滑程度取决于节点的多少。
- 平滑度：控制路径的平滑程度。数值越大，所画曲线与铅笔移动方向差别越大，数值越小，所画曲线与铅笔移动方向的差别越小。
- 保持选定：选中该复选框后画完的路径自动保持为被选中状态。
- 编辑所选路径：选中该复选框后可以使用铅笔工具修改选中的路径外观。

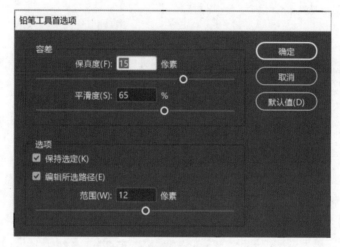

图 8-28

2．平滑工具

为了得到更好的效果，使用铅笔工具绘制的路径往往需要进行再次修改，借助平滑工具来添加或删除锚点，可以使绘制的图形更加平滑规整。

【执行操作】

选择工具栏中的"铅笔工具"，长按鼠标左键，直至弹出"平滑工具"。

选择需要修改的路径，在"平滑工具"状态下进行涂抹，即可在保持原有形状的基础上优化路径的平滑程度。

双击工具栏中的"平滑工具"，在弹出的"平滑工具首选项"对话框中可设置平滑工具的平滑程度，"保真度"和"平滑度"数值越大，对选中路径的改变程度就越大，反之则越小，如图 8-29 所示。

图 8-29

3. 抹除工具

抹除工具可以将绘制好的某一段或全部路径进行删除，类似橡皮擦功能。在要删除的路径上拖曳鼠标即可完成删除，但在文本上不可使用抹除工具。

8.3.4　形状工具组

1. 矩形

【执行操作】

选择工具栏中的"矩形工具"或按快捷键 M。

按住鼠标左键进行拖曳即可绘制矩形，按住 Shift 键可绘制正方形。

在绘图区域单击，在弹出的"矩形"对话框中输入数值，即可绘制有精确长、宽的矩形，如图 8-30 所示。

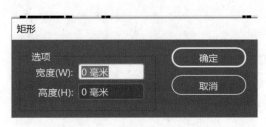

图 8-30

2. 椭圆

【执行操作】

选择工具栏中的"椭圆形工具"或按快捷键 L。

按住鼠标左键进行拖曳即可绘制椭圆形，按住 Shift 键可绘制正圆形。

在绘图区域单击，在弹出的"椭圆形"对话框中输入数值，即可绘制有精确长、宽的椭圆形。

3. 多边形

【执行操作】

选择工具栏中的"多边形工具"。

按住鼠标左键进行拖曳即可绘制多边形，按住 Shift 键可绘制正多边形。

在绘图区域单击，在弹出的"多边形设置"对话框中输入数值，即可绘制有精确长、宽的多边形，如图 8-31 所示。

双击"多变形工具"，在弹出的"多边形设置"对话框中设置"边数"和"星形内陷"数值，可绘制出如图 8-32、图 8-33 所示的图形。

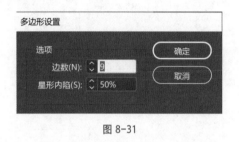

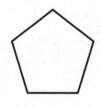

图 8-31　　　　　　　　　　　　　　图 8-32　　　　　　　图 8-33

8.3.5　框架工具组

使用框架工具组可以绘制出定位框和图框作为占位符，以便在排版时用来替代图片或文本。图形框架工具的框是虚构的，只起区域限制作用，里面既可以置入图片也可以置入文字，实际不存在。

InDesign 提供了矩形框架工具、椭圆框架工具以及多边形框架工具，以绘制任意矩形、正方形、椭圆形、圆形、多边形以及星形。图框和文本框的使用没有限定，二者可以相互转换。

充当图片或者文字块、段落文本的占位作用，可以使用矩形框架工具大致分出版面的模块，或者是大概的图文版式，然后通过右击框架的方式将其转化为文字框架或者图片框架。文字框架等同于文本框，图形框架可以置入图片并可以对图片进行各种操作。

【执行操作】

选择工具栏中的"矩形框架工具"即可绘制矩形框架。若想得到一个正方形框架，可以在拖曳鼠标的同时按住 Shift 键。在页面中单击，会弹出"矩形"对话框。可以输入数值，精确设置矩形框架的宽度和高度。其余框架占位符的绘制方式与形状工具相同，这里不再赘述。

多边形框架工具可以绘制出各种不规则形状的框架，如五边形、星形等。

选择"多边形框架工具"，在页面中单击，会弹出"多边形"对话框。在"多边形"对话框中，可以设置多边形的宽度和高度，还可以设置多边形的"边数"和"星形内陷"，设置完成后，在页面中按住鼠标左键拖曳，可以绘制一个有精确参数的多边形框架。

8.4　图形的编辑

图形编辑是版面设计与排版中的常规操作。使用 InDesign 可以置入图形，还可以对图形进行选择、缩放、旋转、描边等操作，使版面编排更加丰富多彩。

8.4.1　图形选择工具

InDesign CC 2020 中选择对象的工具有选择工具和直接选择工具。选择工具可以用来选择整个对象，包括开放路径、封闭路径、复合路径以及各种文字、图像等；直接选择工具可以选择路径框架中的内容。

1. 选择工具

选择工具是 InDesign 软件操作中非常重要和常用的工具，图形图像或文字只有在选中状态下才能进行编辑。

【执行操作】

选择工具栏中的"选择工具"或按快捷键 V。

单击要选择的元素，当对象四周出现蓝色矩形的定界框时，表示该对象处于被选中状态，如图 8-34 所示。

图 8-34

对象的选择方式有多种，具体如下。

- 点选：按 Shift 键减选、加选。
- 框选：鼠标左键拖曳要选择的对象进行框选。
- 全选：按住快捷键 Ctrl+A，选中当前页面所有内容。
- 取消选择：单击空白处。

- 点选移动：单击并拖曳。
- 微调：键盘方向键，默认距离为 0.25 毫米。
- 删除：选中对象并按 Backspace 键。
- 复制：原位复制，按快捷键 Ctrl+C，然后按快捷键 Ctrl+V 进行粘贴；移动复制，在选中状态下按住 Alt 键，直至光标变化后按住鼠标左键拖曳。
- 缩放：在选中对象的状态下，将光标移动到矩形定界框的任意一个控制点上直至光标改变，按住 Shift 键，即可进行等比缩放。

注意

可选择"编辑→首选项→单位和增量"命令，在"键盘增量"选项组中调整"光键盘"的数值。

2．直接选择工具

直接选择工具在路径的绘制编辑中非常重要，它可以通过选择锚点、方向点来改变开放路径与闭合路径的形状。

直接选择工具最常用的功能就是选择和调整锚点。

【执行操作】

选择工具栏中的"直接选择工具"或按快捷键 A。

单击要调整的路径锚点或路径线段，锚点为实心的正方形，按住鼠标左键进行拖动即可。若要调整该段路径的曲线弧度，选中该锚点后将鼠标移动到方向线处进行拖动即可，如图 8-35 所示。

图 8-35

如果要选择路径对象上的多个锚点或线段，可在按住 Shift 键的同时使用"直接选择工具"逐一单击要选择的锚点或线段；按住 Shift 键，再次单击已选中的锚点或线段，可以取消选中状态。

8.4.2　图形编辑工具

1．间隙工具

使用间隙工具可以查看边距到内容之间的距离。选择工具栏中的"间隙工具"，当光标变为↔时，移动光标至目标处并单击，即可测量出对象之间的距离，如图 8-36 所示。

图 8-36

【执行操作】

绘制矩形框架并按快捷键 Ctrl+D 置入图片。

选择"对象→适合→按比例填充框架"命令，使置入的图片填充于整个框架，如图 8-37 所示。

在"属性"面板的"框架适应"选项组中选中"自动调整"复选框，这样当框架调整时，图片也会随之改变，如图 8-38 所示。

图 8-37

图 8-38

在工具栏中选择"间隙工具"，当光标变成↔时，移动光标至要调整的图片间隙处，按住鼠标左键拖曳图片，即可同时调整多个图片的大小，如图 8-39 所示。

图 8-39

2．剪刀工具

使用剪刀工具可以将一条路径分割成两条路径。做路径分割时，只需选择该工具在路径中需要分割的地方单击即可。该工具的具体使用方法如下。

（1）选择"钢笔工具"，在页面中绘制一条曲线路径。

（2）选择"剪刀工具"，把光标放置在路径上单击，即可将路径剪切。

对于封闭图形，下面以椭圆为例讲述"剪刀工具"的使用方法。

（1）使用"椭圆工具"绘制一个椭圆封闭路径，使用"剪刀工具"在椭圆路径中单击，确定剪切的起点。

（2）在椭圆路径的另一侧单击，创建剪切终点。

（3）剪切后的路径变成开放式路径。

3．自由变换工具

在 InDesign 中可以使用多种方法来变换图片，如使用选择工具、直接选择工具等。使用自由变换工具可以调整、移动或旋转被选取的对象，相比于选择工具，自由变换工具可实现容器和内容的同时变换。选择工具栏中的"自由变换工具"，或按快捷键 E 即可调出"自由变换工具"，如图 8-40 所示。

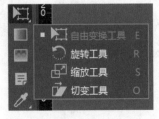

图 8-40

"自由变换工具"集合了"缩放工具"和"倾斜工具"的功能，可以随意旋转、缩放和倾斜对象。

先选择"自由变换工具"再选择要变换的对象，或者先选择对象再选择"自由变换工具"，都可以进行变换设置。选择"自由变换工具"后，单击对象控制点即可进行变换设置。要改变变换的对象，需要切换到"选择工具"后再次进行选择。

使用选择工具只能对对象进行裁切，使用自由变换工具则可以进行快速缩放，也可以在选择工具状态下按快捷键 Ctrl+Shift 直接进行缩放，如图 8-41 所示。

图 8-41

若想让图片等比例缩放，需要同时按住 Shift 键和鼠标左键，单击要变换对象的 4 个角上的任意一个控制点，即可进行等比例缩放，如图 8-42 所示。

图 8-42

将光标放置在变换对象 4 条边的任意角上，当光标变为 ⟲ 时即可对对象进行任意角度的旋转，如图 8-43 所示。

选择要变换对象的任意一个控制点，单击后按住 Ctrl 键，即可进入旋切模式，如图 8-44 所示。

图 8-43　　　　　　　　　　　　　　　　　　　　图 8-44

4. 缩放工具

使用缩放工具可以放大或缩小对象，还能够指定缩放中心点进行缩放。

选择工具栏中的"缩放工具"，或长按"自由变换工具"图标后在弹出的下拉列表中选择"缩放工具"，或按快捷键 S 即可调出"缩放工具"。

在选择缩放工具状态下，拖曳图文框的锚点，可实现缩放、旋转等操作。按住快捷键 Ctrl+Shift 可强制等比缩放。

注意

从其他地方复制、粘贴或直接拖曳到 InDesign 中的对象会随着图文框一起缩放，置入的对象需按住 Ctrl 键进行缩放。缩放的文本框大于置入对象时，对象不会发生变化。

按 Alt 键的同时单击变换对象，弹出"缩放"对话框，如图 8-45 所示。

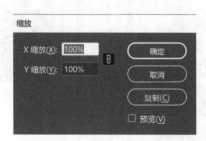

图 8-45

在"属性"面板的"变换"选项组中进行缩放。"X 缩放百分比" 可进行水平百分比数值缩放，"Y 缩放百分比" 可进行水平百分比数值缩放。用于约束百分比例，单击解锁后，X 或 Y 百分比数值发生变化，另一数值将不会同时发生变化。

注意

使用选择工具可以实现快速缩放，但是无法输入精确数值，也无法显示实际缩放比例，要恢复原状只能撤销而不能保留操作记忆。

5．切变工具

使用切变工具可以按照一个固定点倾斜对象，使对象沿指定水平或垂直轴倾斜，如图 8-46 所示。

图 8-46

选择工具栏中的"切变工具"，或长按"自由变换工具"图标后在弹出的下拉列表中选择"切变工具"，或按快捷键 O 即可调出"切变工具"。确定参考点位置，在任意位置拖动对象就可以进行切变，如图 8-47 所示。

图 8-47

拖曳对象后按住 Alt 键，可进行复制并切变，但原图层不会改变，如图 8-48 所示。

若要实现标准数值切变，可以双击"切变工具"，打开"切变"对话框。在"切变角度"文本框中输入数值，在"轴"选项组中设置变换对象的切变方向。

单击"确定"按钮，变换对象直接切变；单击"复制"按钮，原变换对象不变，在新复制的对象上实现切变。选中"预览"复选框，可实时看到切变效果，如图 8-49 所示。

 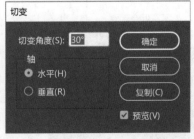

图 8-48　　　　　　　　　　　　　图 8-49

也可以在属性栏的"变换"面板中输入参数进行标准数值切变。

6. 旋转工具

使用旋转工具可以旋转图片与文本。选择工具栏中的"旋转工具"，或长按"自由变换工具"图标后在弹出的下拉列表中选择"旋转工具"，按快捷键 R 即可调出"旋转工具"。

选择"旋转工具"后单击要变换的对象，或选中对象后再选择"旋转工具"，都可进行旋转，如图 8-50 所示。

选择"旋转工具"后，单击要变换的对象，在默认状态下，旋转的中心点为对象的中心。按住鼠标左键进行任意角度的旋转，旋转对象会以中心为原点进行旋转，如图 8-51 所示。

图 8-50

图 8-51

若要更改旋转对象的中心点，在选中对象的状态下，在"属性"面板的"变换"选项组中更改参考点的位置，即可重新定义旋转中心。然后在其他地方单击并任意拖动，即可旋转对象，如图 8-52、图 8-53 所示。

图 8-52

图 8-53

在拖曳对象过程中按住 Shift 键，可以强制旋转角度为 45°的倍数。

选中要变换的对象，在"属性"面板的"变换"选项组中输入数值，可实现标准数值的旋转；单击"顺时针旋转 90°"按钮 可快速实现顺时针旋转，单击"逆时针旋转 90°"按钮 可快速实现逆时针旋转。

选择"旋转工具"后，按住 Alt 键，在适合的中心点单击，可打开"旋转"面板。在"角度"文本框中输入要旋转的数值也可以进行旋转，如图 8-54 所示。在"角度"文本框中输入数值后单击"复制"按钮，可在原图基础上复制一个旋转了的新图，如图 8-55 所示。

图 8-54

图 8-55

若要变换对象，并再次变换序列，可选择"对象→再次变换→再次变换序列"命令，或按快捷键 Ctrl+Alt+4。

7. 利用"变换"面板变换图形

在 InDesign 中可以使用"变换"面板查看或指定要查看对象的信息，包括位置、大小、旋转和切变的值。"变换"面板中的面板菜单提供了更多选项。选择"窗口→对象和版面→变换"命令，即可调出"变换"面板，如图 8-56 所示。

图 8-56

选择工具决定了要变换对象的内容和框架是一起变换，还是单独变换。

（1）选择"选择工具"，单击要变换的图形，可以变换其框架及内容。

（2）选择"直接选择工具"，单击要变换的图形，可以变换内容而不变换框架。

（3）选择框架上的锚点，可以只变换框架而不变换内容。

在"变换"面板或"控制"面板中，单击"参考点定位器"可以指定变换的参考点，参考点位置和图形位置一一对应。例如，选中左上角的点表示变换图形左上角的点。

"约束缩放比例"图标可以对变换的图形进行等比变换，当单击"约束缩放比例"图标进行解锁后，图形将不再等比变换。单击面板菜单按钮，在下拉菜单中选择"将缩放比例重新定义为 100%"命令，即可重新约束图片比例，如图 8-57 所示。

图 8-57

【练习】

根据本节所学内容，练习在文档中置入图片并对齐排列，使之形成下面的样式。

8.4.3　图形的运算——路径查找器

路径查找器可以使两个以上的图形进行相加、相减、相交、去重等，由此可对图形进行复杂的编辑，使图形进一步美化。选择"窗口→对象和版面→路径查找器"命令，弹出"路径查找器"
面板，即可对两个以上的图形进行编辑，如图 8-58 所示。

图 8-58

1. 开放路径与封闭路径的转换

开放路径的起点和终点互不连接，称为端点，如直线、折线、弧线等都属于开放路径。
闭合路径是连续的，没有起点和终点，如矩形、圆形、多边形等，如图 8-59 所示。

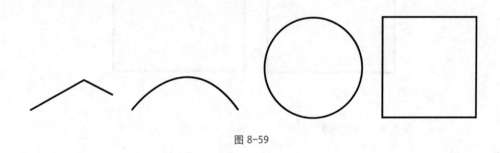

图 8-59

"路径查找器"面板中的"路径"选项组可以快速转换封闭路径和开放路径。其中"连接路径"
功能，可以使两条路径连接为一条路径，也可以将开放路径转换为闭合路径。

【执行操作】

（1）绘制两条直线，如图 8-60 所示。

图 8-60

（2）在选中两条直线的状态下单击"连接路径"按钮，两条路径连接成一个完整的线段，如图 8-61 所示。

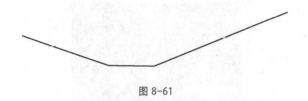

图 8-61

使用"开放路径"功能可以使封闭路径开放。

【执行操作】

（1）绘制一个矩形，设置描边为 1 点，如图 8-62 所示。

（2）在选中矩形的状态下，单击"开放路径"按钮，图形开始位置被断开，封闭路径转为开放路径，如图 8-63 所示。

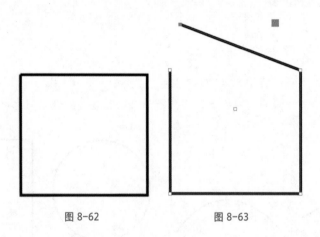

图 8-62　　　　　　　　　图 8-63

同样，单击"封闭路径"按钮可以使开放的路径封闭。选中任意开放路径，单击"封闭路径"按钮，开放路径转为封闭路径。单击"反转路径"按钮可以更改路径的方向，将路径的端点和终点方向反正。

2．图形布尔运算

相加：将选中的对象组合成一个对象。

【执行操作】

（1）绘制 4 个大小不一的圆形。

（2）在全部选中的状态下，单击"相加"按钮，4 个圆形将被合并成为一个图形。调整填充颜色，云朵绘制完成，如图 8-64、图 8-65 所示。

图 8-64　　　　　　　　　　　　　图 8-65

减去：从最底层的对象中减去最顶层的对象。

【执行操作】

（1）绘制两个圆形，如图 8-66 所示。

（2）在全部选中状态下，单击"减去"按钮，顶层图形将被减去，如图 8-67 所示。

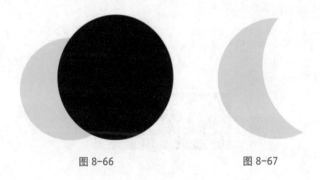

图 8-66　　　　　　　　　　　　　图 8-67

交叉：保留两个形状交叉的形状区域。

【执行操作】

（1）绘制两个圆形。

（2）在选中状态下单击"交叉"按钮，如图 8-68、图 8-69 所示。

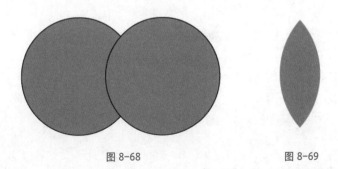

图 8-68　　　　　　　　　　　　　图 8-69

（3）复制图形，调整它们的位置和大小，如图 8-70 所示。

排除重叠：保留被选中对象的非重叠区域，重叠区域被挖空，双重叠区域被保留。

减去后方对象：结果和减去效果相反。执行该操作后，对象后面的图形将被减去，而前面图形的非重叠区域被保留。

同样是两个重叠对象，单击"减去后方对象"按钮■后，前方黑色圆形非重叠部分将被保留，如图 8-71、图 8-72 所示。

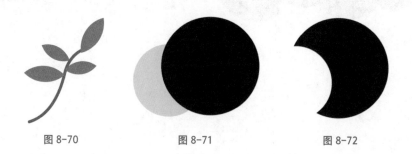

图 8-70　　　　　　　　图 8-71　　　　　　　　图 8-72

3．转换形状

转换形状工具可以将图形快速转换为矩形、圆角矩形、斜面矩形、三角形、多边形等特殊图形，如图 8-73 所示。

图 8-73

～～～ 注意 ～～～～～～～～～～～～～～～～～～～～～～～～～～～～～～～

转换为直线的图形将无法再转换为其他闭合图形。

4．转换点

单击"转换点"选项组中的各按钮■■■■，可以对图形锚点进行修整。

- 普通：将平滑锚点转换为角点。
- 角点：将锚点两侧控制杆断开关联。调整一侧控制杆，另一侧不会发生变化。
- 平滑：将锚点转换为圆角锚点。
- 对称：关联锚点两侧控制杆。调整一侧控制杆，另一侧同时变换。

8.4.4　图形的排列和对齐

InDesign 对象包括文字、图形、图像、开放路径、闭合路径等，每个创建或导入的对象会按照先后顺序产生图形的排列。

在 InDesign 中可以对对象进行排列，以使版面规整、有条理感和秩序感。选择"窗口→对象和版面→对齐"命令，使用"对齐"面板可以沿选区、边距、页面或跨页，水平或垂直地对齐和分布对象。

1．图形的排列

图形在 InDesign 软件中是按照被创建或被导入的先后顺序进行排列的。要更改图形的排列顺序可以选择"对象→排列"命令。

可以选择"排列"命令将选定的对象向前或向后移动，或将选定的对象置于所有图层的前面或后面。

1）利用快捷键和菜单

利用快捷键可以快速地对对象进行先后顺序的调整。

- 置于顶层：按快捷键 Ctrl+Shift+ 】。
- 前移一层：按快捷键 Ctrl+ 】。
- 后移一层：按快捷键 Ctrl+ 【。
- 置为底层：按快捷键 Ctrl+Shift+ 【。

2）利用图层

选择"窗口→图层"命令，或按快捷键 F7 可以看到图形和文本的排列顺序，如图 8-74 所示。

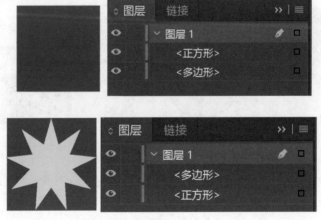

图 8-74

2．图形的对齐与分布

InDesign 是一个用于专业排版的设计软件，在排版中经常会使用对齐的方式来使版面更简洁、有序。在 InDesign 中，可以通过"对齐"命令快速对齐版面中的元素。

选择"窗口→对象和版面→对齐"命令，弹出"对齐"面板，其中包括对齐对象和分布对象两大功能，如图 8-75 所示。

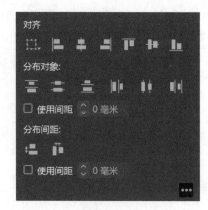

图 8-75

对齐按钮从左至右依次为左对齐、水平居中对齐、右对齐、顶对齐、垂直居中对齐、底对齐。
对齐操作的具体步骤如下。

（1）创建一个新的文档。

（2）在页面中随意绘制 3 个不同颜色和样式的图形。

（3）将绘制的图形全部选中。

（4）单击"对齐"面板中的"顶对齐"按钮，此时所有选中的图形将以最上方图形边缘作
为参考点进行对齐，如图 8-76 所示。

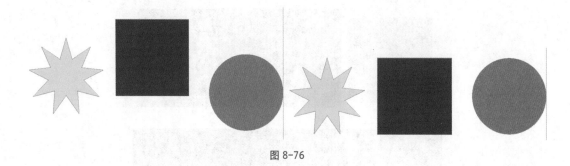

图 8-76

在"对齐"面板中，如果选中"使用间距"复选框，则可以设置对象间的间距值，使对象
按照此数值分布。如果不选中此复选框，对象将按最顶部与最底部或最左侧与最右侧对象之间的
距离平均分布。分布对齐各按钮的设置意义如下。

- 按顶分布：该按钮可以使选中的对象以对象上边缘作为参考点，在垂直轴上平均分布，
  水平位置不变。
- 垂直居中分布：该按钮可以使选中的对象以对象中心点作为参考点，在垂直轴上平均分
  布，水平位置不变。
- 按底分布：该按钮可以使选中的对象以对象下边缘作为参考点，在垂直轴上平均分布，
  水平位置不变。
- 按左分布：该按钮可以使选中的对象以对象左边缘作为参考点，在水平轴上平均分布，
  垂直位置不变。

- 水平居中分布：该按钮可以使选中的对象以对象中心点作为参考点，在水平轴上平均分布，垂直位置不变。
- 按右分布：该按钮可以使选中的对象以对象右边缘作为参考点，在水平轴上平均分布，垂直位置不变。

【练习】

图形绘制练习：根据本节内容练习绘制以下图形，并进行简单的排版练习。

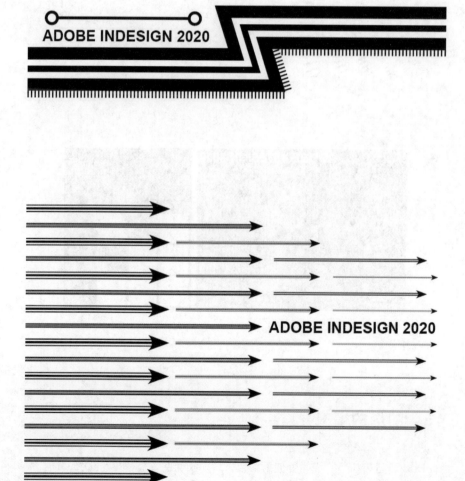

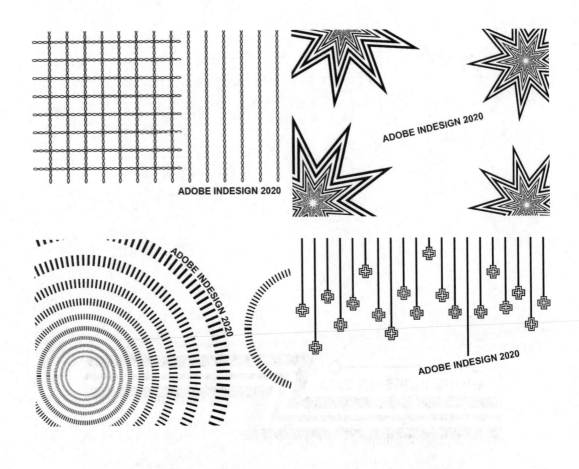

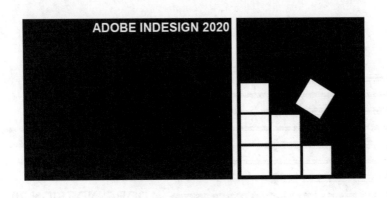

8.4.5 图形的填充

使用 InDesign 进行排版，经常要使用颜色来增加画面的丰富程度。选择"窗口→颜色"命令，可以找到和颜色相关的几个浮动面板。可以对路径进行描边，还可以对封闭路径进行填充，如图 8-77 所示。

图 8-77

着色对象的选择介绍如下。

- 对于路径或框架，可以根据需要选择"选择工具"或"直接选择工具"。
- 对于文本字符，可以使用"文字工具"更改单个字符或框架内整个文本的颜色。
- 对于灰度图像或单色图像，可以使用"直接选择工具"。灰度图像或单色图像只能应用两种颜色。

在"色板"面板或"颜色"面板中，单击"格式针对文本"或"格式针对容器"按钮，可以确定将颜色应用于文本还是文本框架。

在"颜色"面板或"色板"面板中，单击"填色"按钮，可以指定对象的填色或描边。如果选择的是一个图像，则描边框将不起作用。

颜色的设置可以使用"色板"面板或"渐变"面板，可以选择需要的颜色、色调或渐变色。

双击工具栏或"颜色"面板中的"填色"按钮，弹出"拾色器"对话框，可以选择需要的颜色，然后单击"确定"按钮。

选择"吸管工具"，在图形中单击，可以拾取颜色至工具栏中的"填色"框中。

1．图形的两个属性

常用图形有 JPG 格式和 PNG 格式两种属性。

JPEG/JPG 格式是一种有损压缩的文件格式，通过算法可以在较小的文件大小下得到比较高质量的图片。它的后缀名有时候是 .jpeg，有时候是 .jpg，其实指的是同一种图片格式。

PNG 格式即可移植网络图形格式，是一种无损压缩的文件格式，所以文件通常比较大。由于 PNG 格式支持 Alpha 通道，可以保存部分区域透明的图片，因此适于想要将图形中的背景去掉，只保留图形轮廓的情况。

2．标准色填充

"色板"面板是颜色编辑的重要区域，其中包含的选项设置较为复杂。选择"窗口→色板"命令，系统将弹出"色板"面板。

"色板"面板中的"色调"滑块可以调整专色或印刷色的色调。

- 无：该色板可以移去对象中的描边或填色。该色板不能移去或编辑。
- 纸色：纸色是一种内建色板，用于模拟印刷纸张的颜色。纸色仅用于预览，它不会在打印机上打印，也不会通过分色来印刷。
- 黑色：该色板也是内建的使用 CMYK 颜色模式定义的 100% 印刷黑色。
- 套版色：该色板是使对象可在 PostScript 打印机的每个分色中进行打印的内建色板。

1）如何给出版物配色

出版物颜色的使用是和出版物的题材、版式以及所选用的照片色调等息息相关的。就题材来说，出版物的色彩使用要充分考虑到相关主题用色，使设计能够和内容情境相融合，通过色彩就能使人联想到所宣传的主题，如图 8-78 所示，为了传达绿色、健康的理念，画册中使用了大量的绿色作为配色，因为绿色象征着生命、环保等，和主题内容一致。行业中有一些常用的配色，如金融业多使用蓝色。

图 8-78

从版式设计上来说，版面的配色还要考虑到整个版面的排版平衡、和谐。如果下方的文字过少，上方就不宜使用颜色过重、面积过大的图形图像，以免出现头重脚轻的情况。

最后，出版物配色还要考虑到冷暖色调的和谐统一。一种便捷的配色方法就是参考摄影照片、电影、油画等优秀作品的配色，运用到自己的版式中来，如图 8-79 所示。具体的使用方法会在后文"利用 Adobe Color 为出版物配色"中进行详细介绍。

图 8-79

2）"颜色"面板

使用"颜色"面板,可以完成颜色的创建和应用。选择"窗口→颜色→颜色"命令,弹出"颜色"面板,单击面板右上角的面板菜单按钮,在弹出的下拉菜单中选择要填充的色彩模式,如图 8-80所示。

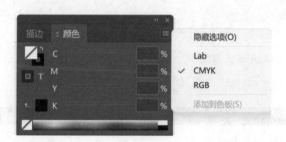

图 8-80

使用者可以在右侧文本框中直接输入颜色数值;也可以单击下方色谱,当图标变为吸管时,直接单击选择颜色。

注意

如果选择的颜色要用于印刷品,应选择 CMYK 模式,并注意保持各项数值尾数为 0 或 5 的整数,以便更适合油墨印刷,如图 8-81 所示。

图 8-81

将颜色应用于对象后，"颜色"面板发生变化，如图 8-82 所示。▓表示该对象的填充色和描边色，T 表示颜色的色调。下方第一行显示颜色原色值，第二行为更改颜色色调后的色值，如图 8-82 所示。

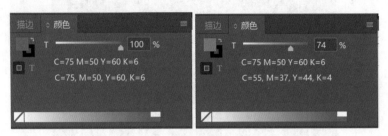

图 8-82

注意

与 Photoshop 和 Illustrator 不同，InDesign 中的▓表示填色和描边。

3）利用 Adobe Color 为出版物配色

Adobe Color 是 Adobe 公司开发的网页版取色工具，用户也可以使用 Adobe Color Themes 扩展插件进行快速、直观、有效的配色。

使用网页版可以直接访问官方网站 color.adobe.com。打开网页后，红色线条框选的是各个配色规则，绿色线条框选的是基色。改变配色规则，配色方案随之改变，如图 8-83 所示。

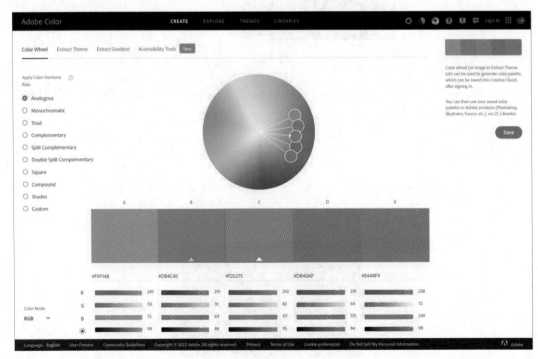

图 8-83

光标拖动色轮中的基色，改变基色色值或明度，其他颜色随之更改；而对于非基色而言，更改明度不会影响其他颜色，更改颜色数值则会产生相应的影响，如图 8-84 所示。

将鼠标移动到非基色色块出现白色三角形，单击后可将该颜色设为基色，如图 8-85 所示。

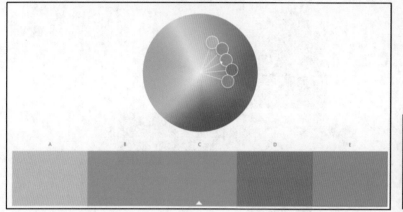

图 8-84　　　　　　　　　　　　　　　　　图 8-85

撷取主体：可以导入图片生成配色方案，或者自定主题来调整整体色调；可以更换图像；也可以增加或减少渐变色的取样色标，如图 8-86 所示。

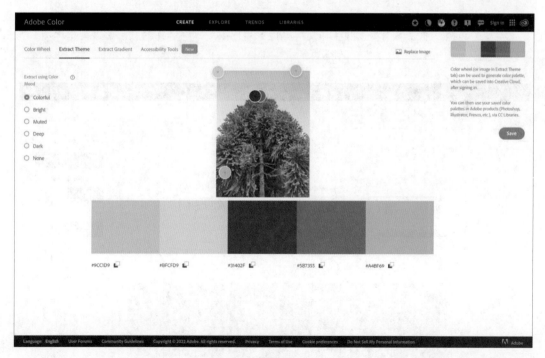

图 8-86

撷取渐层：可将导入的图片生成渐变配色方案，拖动取色位置可以自定义配色方案，如图 8-87 所示。

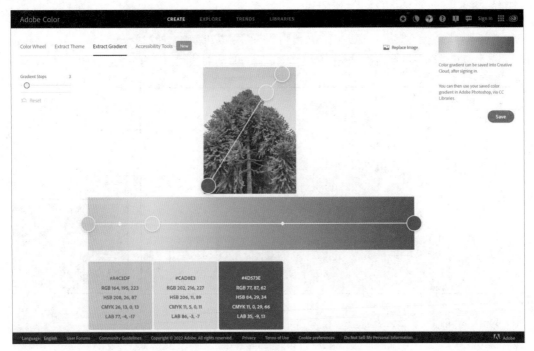

图 8-87

协助工具有以下两种。

对比检查器：通过检查背景颜色和文字颜色的对比率，确保选择的颜色可被视觉读取，如图 8-88 所示。

图 8-88

色盲友好工具：这个功能可以测试该配色方案是否对色盲人士友好，帮助用户检查会使色盲人士感到困惑的颜色，让用户看到不同色盲人群眼中同一配色方案的不同效果，如图 8-89 所示。

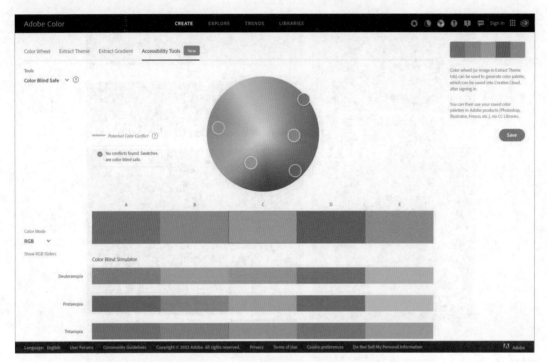

图 8-89

4）将自定义颜色存储到色板

在出版物等排版设计中，创建颜色可能会重复多次使用，这时就需要将在"颜色"面板中创建的颜色添加到色板中，以便后续直接在色板中使用或统一修改。

在"颜色"面板选取颜色后，单击面板右侧的面板菜单按钮，在弹出的下拉菜单中选择"添加到色板"命令，如图 8-90 所示。

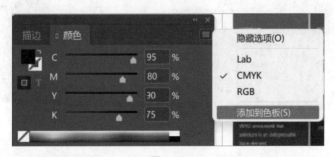

图 8-90

选择"窗口→颜色→色板"命令，弹出"色板"面板，可以看见刚刚创建的颜色已经在"色板"面板中，如图 8-91 所示。

绘制 4 个圆形，全部选中后，在"对齐"面板中单击"左对齐"和"垂直居中分布"按钮；再依次选中这几个圆形，在色板中选择要填充的颜色，如图 8-92 所示。

置入图标，完成整个版面图形部分的设计，如图 8-93 所示。

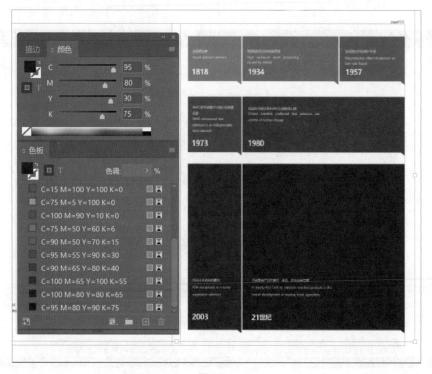

图 8-91

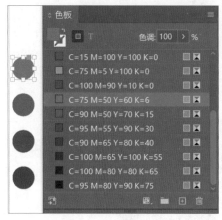

图 8-92

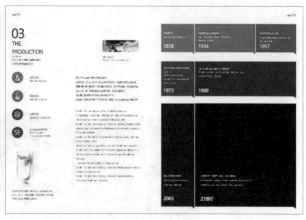

图 8-93

- 印刷色：是指由 C（青）、M（洋红）、Y（黄）、K（黑）4 种颜色以不同的百分比组成的颜色，通常用于印刷，也叫四色印刷。

在"色板"面板中单击"新建色板"按钮或单击面板右侧的面板菜单按钮并选择相应的命令可以新建色板。也可以将色板中已有的颜色设置为印刷色。双击存储在色板中的颜色，弹出"色板选项"对话框。在"颜色类型"下拉列表框中有"印刷色"和"专色"两个选项。选择"印刷色"即可设置颜色为油墨印刷用色，如图 8-94、图 8-95 所示。

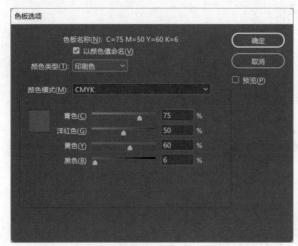

图 8-94

图 8-95

- 专色：由于不同的厂家用的油墨都是有差别的，而不同油墨制造商做出的 CMYK 各色油墨也有细微的差别。因此，为了让印刷出的颜色更准确、稳定，会使用专色印刷。专色是指在印刷时，不是通过印刷 C、M、Y、K 四色合成一种颜色，而是专门用一种特定的油墨来印刷该颜色。这样印刷出来的颜色能够减少误差，色彩呈现更准确。

在"色板"面板中单击"新建色板"按钮 或单击面板右侧的面板菜单按钮新建色板。也可以将色板中已有的颜色设置为专色，如图 8-96、图 8-97 所示。

图 8-96

图 8-97

3．渐变色填充

渐变是两种或多种颜色之间或同一颜色的两个色调之间的逐渐混合。使用的输出设备将影响渐变的分色方式。下面简要介绍"渐变"面板的使用方法。

1）渐变工具

选中对象后，单击工具栏中的"渐变工具"按钮 即可进行渐变色填充。

（1）在左侧工具栏中选择文字工具或按快捷键 T 调出文字工具，在图片下方单击，输入文字"元宵节快东",调整字体大小和字号。

（2）双击选中全部文字，单击"渐变工具"，移动鼠标到文字上方拖曳填充渐变色，如图 8-98、图 8-99 所示。

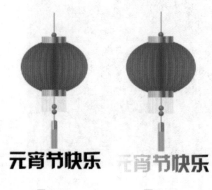

图 8-98　　　图 8-99

─〜〜〜　注意　〜〜〜〜〜〜〜〜〜〜〜〜〜〜〜〜〜〜〜〜〜〜〜〜〜〜〜〜〜

按住 Shift 键可以进行固定方向的渐变填充。渐变工具默认颜色为"白 - 黑色"，要更改渐变颜色需要借助"渐变"面板。

2）"渐变"面板

选择"窗口→颜色→渐变"命令，弹出"渐变"面板。通过"渐变"面板可以编辑出色彩斑斓的渐变样式。

- 类型：用于用户设置渐变填充种类，包括线性和径向两种方式。
- 位置：用于设置菱形滑块的位置，其作用是调整颜色间的过渡效果。
- 角度：用于设置渐变色的填充角度。
- 反向：单击"反向"按钮，可以将渐变效果反向显示。

拖曳颜色带上的色标，可以调整渐变色的位置。把光标放置在颜色带的下边缘单击，可以添加色标，如图 8-100 所示。

图 8-100

单击色标，并将其拖曳至渐变面板外，可以删除色标。

单击色标，选择"窗口→颜色"命令，弹出"颜色"面板，在该面板中可以设置色标的颜色。
- 类型：选择渐变的填充方式，有线性和径向两种。
- 角度：渐变色的倾斜角度。
- 反向：渐变色镜像反转。

3）存储渐变

新建的渐变色也可以存储到色板中，以供后续修改和使用。

单击"色板"面板右侧的面板菜单按钮，在弹出的下拉菜单中选择"新建渐变色板"命令，如图 8-101 所示。

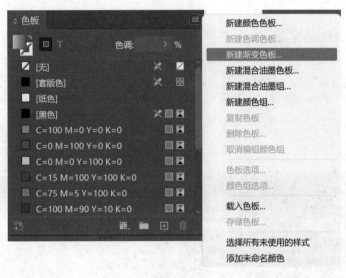

图 8-101

选中应用了渐变色的文本或图形框架，单击"色板"面板中的"新建色板"按钮▣，可以直接存储该渐变色。

~~~ 注意 ~~~

若要添加文本框渐变色，可直接单击该文本框；若要添加文字应用的渐变色，则需双击选中文字后再进行添加。

4．图形的效果

在排版中为了让版面具有更加丰富的视觉效果，传递美观、精致的设计风格，有时会制作一些特效，如给文字、图形、框架增加一些不透明度、投影、发光、羽化等效果。在 InDesign CC 2020 版本中，可以通过"效果"命令来实现，快捷键为 Ctrl+Shift+F10。

【执行操作】

选择"窗口→效果"命令，弹出"效果"面板，如图 8-102 所示。

图 8-102

1）转角效果

选择"对象→角选项"命令或在"属性"面板的"外观"选项组中单击"描边"按钮进行设置，如图 8-103 所示。

角选项可以对转角的大小及形状进行设置。

单击"描边"右侧下拉按钮，可以看到更多角的样式设置，如图 8-104 所示。

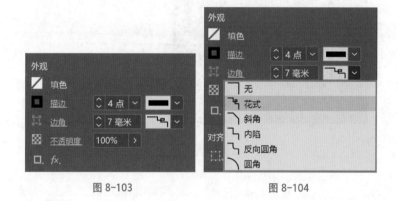

图 8-103   图 8-104

在选中对象的状态下，选择边角的样式即可。InDesign 提供了花式、斜角、内陷、反向圆角、圆角几种样式，便于选择，如图 8-105 所示。

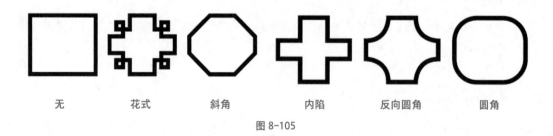

| 无 | 花式 | 斜角 | 内陷 | 反向圆角 | 圆角 |

图 8-105

2）图形的透明与层混合模式

在 InDesign 中，用户可以通过对不透明度数值的设置来改变对象透明效果。降低对象不透明度数值，对象将更透明，下层对象将变得更清晰可见。不透明度的数值范围为 0%~100%，当不透明度数字为 0% 时，对象完全不可见；当不透明度数值为 100% 时，下层对象将完全不可见。在默认状态下，对象显示为 100% 不透明度，即实底状态，如图 8-106 所示。

图 8-106

　　混合模式是指图与图之间的叠加模式，用来更改重叠对象之间的混合颜色，如表 8-1 所示。

表 8-1

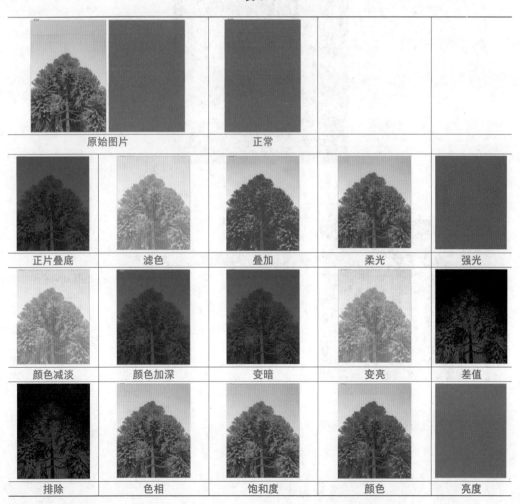

模式介绍如下。

- 变暗组：正片叠底、变暗、颜色加深；能够使下方图层产生变暗、加深的效果。
- 变亮组：滤色、变亮、颜色减淡；能够产生加亮下方图层颜色的效果。
- 对比组：叠加、柔光、强光；能够加深图层颜色对比度，使亮的更亮，暗的更暗。
- 特殊效果组：差值、排除；能够使图层产生相反效果，不同的区域显示为灰度或彩色层。
- 色彩组：色相、饱和度、颜色、亮度；能够将图像色彩属性相混合后的颜色赋于下层图像。

注意

混合模式会将应用对象下面的所有对象混合，想限制对象只和特定对象混合时，可将要混合的对象编组后应用"分离混合"命令，将要混合的对象限制在一个组中。

3）图形效果

选择"窗口→效果"命令，在"效果"面板下方单击 *fx* 按钮，或单击右上角的面板菜单按钮，在弹出的下拉菜单中选择"效果"子菜单中的相应命令，如图 8-107、图 8-108 所示。

图 8-107

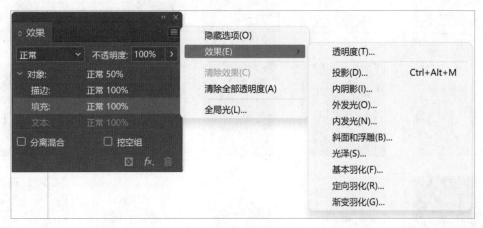

图 8-108

在弹出的"效果"对话框中可以看到透明度、投影、内阴影等 9 种效果组合，这些效果为丰富设计版面提供了更多的可能性，如图 8-109 所示。

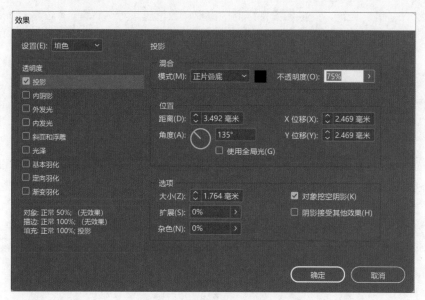

图 8-109

- 投影：可以模拟物体在三维空间的光影效果，使选中的文本或对象和下方对象之间增加阴影，从而增加设计元素的立体感。此外，还可以设置投影的混合模式、不透明度、位置等，如图 8-110 所示。

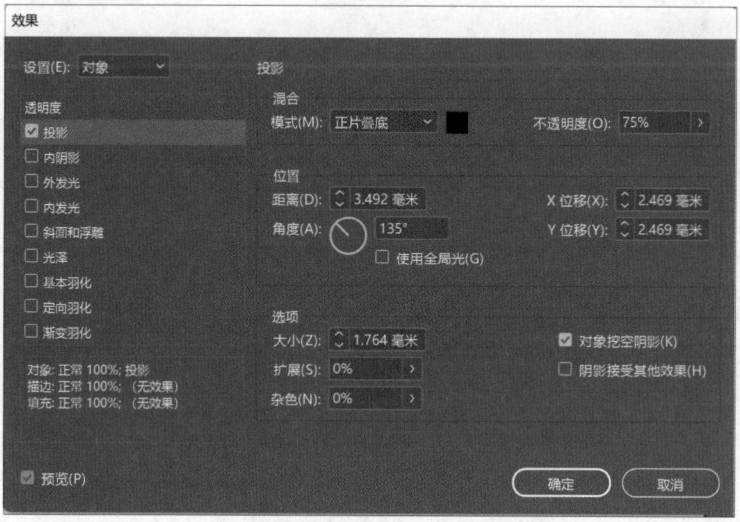

图 8-110

选中窗口左下角的"预览"复选框，可实时查看投影效果。

> 混合－模式：调整投影和其下方对象的相互混合模式。
> 投影颜色：单击混合模式后的色块可以设置阴影颜色。
> 不透明度：调整投影的颜色和透明程度。

> 位置 – 距离：对象和投影之间的距离。数值越大距离越远。X 位移和 Y 位移可以单独调节水平或垂直方向的投影位置。

> 大小：调整投影虚实程度。数值越大，投影越模糊。

> 扩展：在"大小"命令设置的范围内起作用。

> 对象挖空阴影：对象显示在它所投射投影的前面。

- 内阴影：可以将投影应用于对象的内部，实现一种凹陷感，选项同"投影"，此处不再一一赘述，如图 8-111 所示。

- 内发光：内发光效果可以给人一种对象在发光的感觉。选择"内发光"效果，围绕对象内部将产生一道模拟发光效果的光线。可对其混合模式、不透明度、大小等进行设置。

源：设置发光位置。选择"边缘"，光源由外向内发散，选择"中心"，光源由内向外发散，如图 8-112 所示。

- 外发光：对象外部将产生发光感。可对其混合模式、不透明度、大小等进行设置，如图 8-113 所示。

| 图 8-111 | 图 8-112 | 图 8-113 |

- 斜面与浮雕：对象可产生立体的三维效果。它透过亮面和暗面的光线表现，如图 8-114 所示。

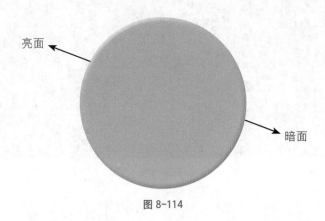

图 8-114

- 光泽：对象将产生四周向下凹进去的感觉，相较于"斜面与浮雕"效果更加柔和。

- 羽化：可以使选定的区域实现由不透明到透明的虚化效果，实现自然过渡和衔接。

> 基本羽化：对象四周可以产生模糊的虚化效果，如图 8-115 所示。

图 8-115

> 定向羽化：自定义羽化的方向和羽化的程度。也可以同时配合"角度"设置羽化的角度，如图 8-116 所示。

图 8-116

> 渐变羽化：类似于在对象上添加了一个不透明蒙版，使图像实现从有色到无色的过渡效果。可以通过"渐变色标"滑块来调整图像不透明度的程度和位置。滑块颜色越白，图像越透明，如图 8-117 所示。

图 8-117

4）图形样式

在 InDesign 中，用户可以导入多种格式的图形文件，如表 8-2 所示。

表 8-2　多种格式的图形文件

最 终 输 出	图 形 类 型	格　　　式
高分辨率	矢量绘图	Illustrator、EPS、PDF
	位图图像	Photoshop、TIFF、EPS、PDF
印刷分色	矢量绘图	Illustrator、EPS、PDF
	彩色位图图像	Photoshop、CMYK TIFF、DCS、EPS、PDF
	有颜色管理的图形	Illustrator、Photoshop、RGB TIFF、RGB EPS、PDF
低分辨率打印，或用于在线查看的 PDF	全部	任意（仅限 BMP 图像）
Web	全部	任意（在导出为 HTML 时，InDesign 将图形转换为 JPEG 和 GIF）

位图也称点阵图像，由被称为像素的小方块组成；每个像素都映射到图像中的一个位置，并具有颜色数字值。

位图能够产生极佳的颜色层次。但是位图清晰度与分辨率息息相关，也就是说，在实际大小的情况下显示效果不错，但在缩放时，或在高于原始分辨率的情况下显示或打印时会显得参差不齐或降低图像质量。

矢量图也称为面向对象的图像或绘图图像，在数学上定义为一系列由线连接的点。基于矢量的绘图同分辨率无关。也就是说，矢量图无限放大也不会出现图片模糊的情况。但矢量图难以表现色彩层次丰富的逼真图像效果，也无法产生色彩艳丽、复杂多变的图像。

5）置入 Illustrator 图形

图像的使用在 InDesign 排版中占据了重要位置，如果无法控制好图像属性，很有可能导致图像不清晰或图像缺失。图像主要由链接调板控制。

InDesign 支持多种格式的置入，下面以 Illustrator 图形的置入为例进行学习。

【执行操作】

选择"文件→置入"命令或按快捷键 Ctrl+D，在弹出的对话框中选择要置入图片的路径，如果要同时置入多张图形，可按住 Shift 键进行叠选。

在图形文件夹中选中要置入的图像，拖曳到 InDesign 图标中，也可以进行图像置入。

〰〰 练 习 〰〰〰〰〰〰〰〰〰〰〰〰〰〰〰〰〰〰〰〰〰〰〰

图形排版练习：根据本节内容，练习色彩的搭配和图形样式排版。

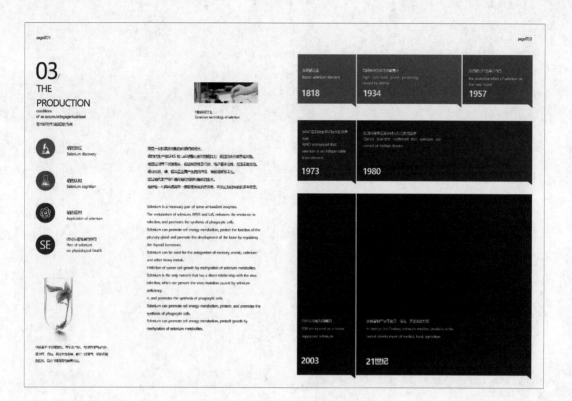

第 9 章

图像的管理

图像是版式设计中的重要元素，但 InDesign 却不能像 Photoshop 一样进行图像处理与特效合成，因为它是排版软件。当用户在几百个页面编排上千张图片而丝毫不卡顿时，就会被 InDesign 高效的图像管理功能所折服。InDesign 的主要任务是对图像、图形、文字等元素进行合理、高效的组织与编排。InDesign 可以方便地对图像进行裁剪、边框美化、添加投影、调整透明度、颜色混合模式设置和羽化等操作，还可以借助 Alpha 通道或工作路径实现抠像效果，并能方便地实现各种文本绕排效果。如果要对图像和图形进行深入编辑，可以通过链接面板上的快捷按钮启动"生产该对象"的原软件，例如用 Photoshop 和 Illstrator 进行编辑。

9.1　图像的置入

InDesign 不能直接打开图像、第三方软件制作的矢量图形、视频等对象，而需要在创建文档后，通过选择"文件→置入"命令或按快捷键 Ctrl+D，将对象导入页面，如图 9-1 所示。

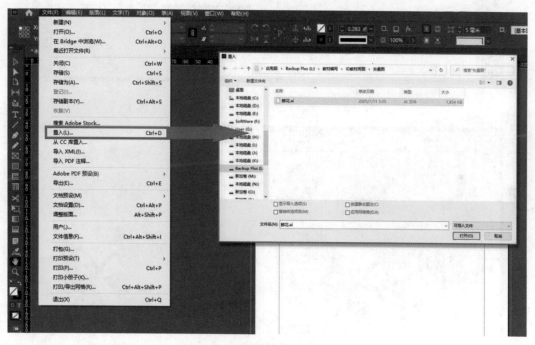

图 9-1

这里我们以置入 Illustrator 图形文件为例，说明置入对象的过程。在图 9-1 中选择"鲜花 .ai"文件后，单击"打开"按钮进入页面。此时，对象并没有马上落入页面，光标变成了该对象的缩览图，将光标在页面左上角对齐单击，对象将落入页面，如图 9-2 所示。

在默认情况下，置入页面中的对象看上去质量比较低，这是因为 InDesign 为了提高排版效率，以"低分辨率模式"显示对象，并不影响对象本身的质量。若要以高品质显示对象，可以选择该对象，然后选择"对象→显示性能→高品质显示"命令，如图 9-3 所示。

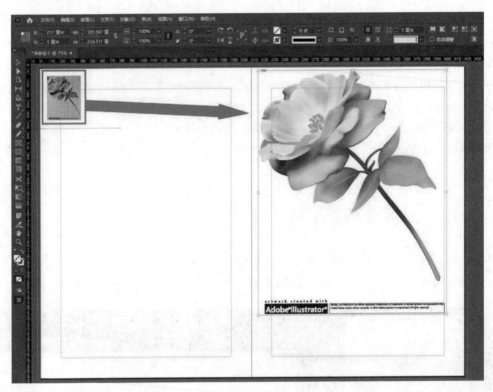

图 9-2

图 9-3

9.1.1　根据不同需求置入不同的文件格式

InDesign 可以置入 PSD、AI、Tiff、JPEG、PDF 等多种格式的对象，可以根据不同的应用需求置入对应格式的文件。下面介绍用表格的形式呈现 InDesign 能够置入的文件格式及常用格式的用途，如表 9-1 所示。

表 9-1　InDesign 能置入的文件格式及常用格式用途

扩 展 名	文 件 名	用途与注释
tiff	标记图像文件格式	印刷出版
gif	图形交换格式	Web、移动设备及新媒体出版
jpg、jpeg	联合图像专家组	Web、移动设备及新媒体出版
eps	封装式 PostScript	印刷出版
dcs	桌面分色	印刷出版
InDesignms	InDesign 片段	用于创建专业页面布局的桌面发布程序
wmf	MS Windows 图元文件	印刷出版
emf	MS Windows 增强型图元文件	
pcx	PC Paintbrush 文件格式	
png	可移植网络图形	Web、移动设备及新媒体出版
sct	Scitec CT	
ai	Adobe Illustrator	
psd	Adobe Photoshop	
pdf	便携文档格式	印刷或电子出版，从 InDesign CS3 开始支持多页 PDF 文件
indd	InDesign 文档	
txt	文本文档	
doc、docx	Microsoft Word 文档	
xls、xlsx	Microsoft Excel 文档	
rtf	RTF	
swf	Shockwave 文件	
flv、f4v	Flash 视频	
mp4	MPEG-4 视频	H.264 编码
avi	Audio VInDesigneo Interface	
mov	QuickTime 视频	H.264 编码
mp3	MPEG Audio Layer	

9.1.2　批量置入对象

InDesign 可以一次批量置入多个、多类型的文件。操作时，选择"文件→置入"命令或按快捷键 Ctrl+D，弹出"置入"对话框，选择多个目标文件，单击"打开"按钮，如图 9-4 所示。此时，光标会以所选第一个文件的缩略图显示，在图标的左上角显示置入对象的类型图标和文件数量。例如，此次置入的对象是 6 张图片，图标数字则显示为 6，如图 9-5 所示。接下来，将光标在不同页面或同一页面的不同"着陆点"逐一单击，即可将对象依次置入，如图 9-6 所示。

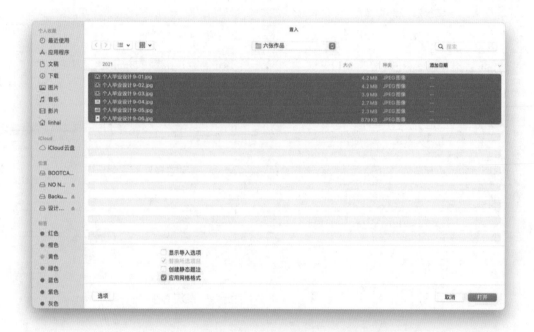

图 9-4

图 9-5

图 9-6

9.2 利用库管理对象

InDesign 可以在本地计算机中创建"库",用以存储和管理对象。还可以利用 Creative Cloud 账户将本地库文件转移到云端库,即 CC Libraries 中,从而随时随地检索和调用对象。

1. 创建库

（1）选择"菜单→新建→库"命令。

（2）系统弹出"是否要立即尝试使用 CC 库"对话框,如果单击"是"按钮,可以把"库"建在"云端",但前提是必须注册并登录 CC 账户。此处单击"否"按钮,暂时不启用 CC Libraries。

（3）系统弹出"新建库"对话框,可以输入库的名称并设置保存的目标路径,单击"存储"按钮完成库的建立。

（4）在工作界面右侧显示出"库"面板,如图 9-7 所示。当然,根据需要可以创建多个库。

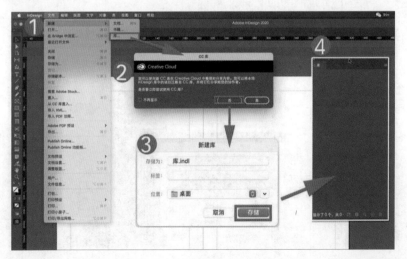

图 9-7

2. 管理库

库创建完成后，就可以将页面上的各种对象放在库中管理，如 AI、PDF、PSD、TIFF、JPEG、EPS、MOV、MP4 等格式对象，当然还包括用 InDesign 创建的页面、对象、参考线等。

【执行操作】

1）将页面装入库

（1）先将需要装进库的对象置入页面，或打开已经排好版的文件。

（2）打开"页面"面板，选择要装入库的页面，本例中选择第 3 页。

（3）单击"库"面板的菜单按钮，在弹出的下拉菜单中选择"添加第 3 页上的项目"命令，如图 9-8 所示。

图 9-8

（4）第 3 页上的所有项目作为一个项目被添加到库中，此时"库"面板中出现了该页面的缩略图标，默认名称为"未命名"，可以双击它，在弹出的"项目信息"对话框中将"项目名称"修改为"图文排版案例"，如图 9-9 所示。

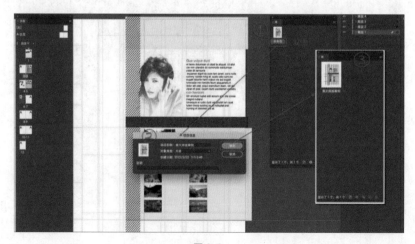

图 9-9

2）将页面项目作为单独对象装入库

第（1）步、第（2）步同上。

单击"库"面板的菜单按钮，在弹出的下拉菜单中选择"将第 3 页上的项目作为单独对象添加"命令。此时，页面上的图像、文章、图形，包括参考线都以独立对象形式被添加到库中。如果这个对象是置入链接文件，那么库中将直接显示其文件名；如果是在 InDesign 中内建的，则需要用上面介绍的方法重命名，如图 9-10 所示。

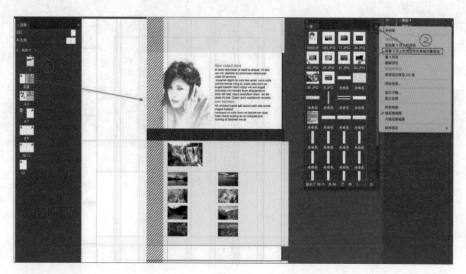

图 9-10

3）将群组对象装入库

在下面的案例中，我们要将页面上的 5 个立体按钮添加到库中，但在默认状态下，将页面上的项目作为单独对象添加时，组成按钮的零部件会被分别添加为独立对象，如图 9-11 所示。如果想将一组对象作为单独对象添加到库中，则需要在添加前将对象群组起来。这里使用"选择工具"将每个字母、球体、阴影选中，选择"对象→群组"命令，再选择"库"面板菜单中的"将第 5 页上的项目作为单独对象添加"命令，即将 5 个完整的立体按钮添加到库，如图 9-12 所示。

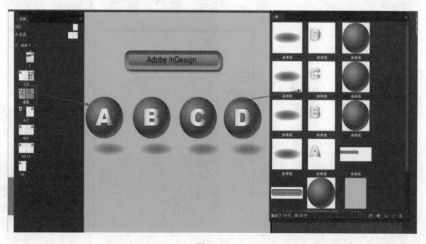

图 9-11

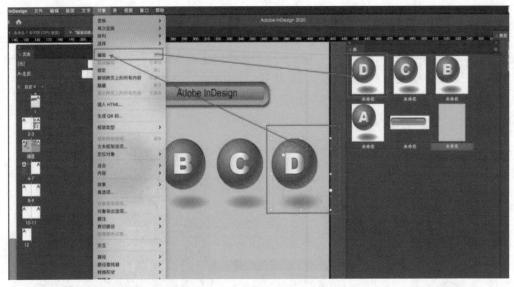

图 9-12

4）将页面中单个对象装入库

要将页面中的单个对象或群组对象装入库，可以用选择工具直接将其拖曳到库中，重命名即可。

5）将库中对象置入页面

前面介绍的都是如何将页面的对象保存到库中，下面介绍如何将库中的对象搬到页面上使用。

（1）先在库中选择要使用的对象，如果选择多个可以按住 Shift 键连选或按住 Ctrl 键跳选。

（2）在"库"面板的面板菜单中选择"置入对象"命令，库中被选中对象即置入页面中，如果目标页面与原对象所处页面规格一致，则对象将会落在原来的位置。当然，如果想自定义位置，也可以选择将库中的对象直接拖曳到页面，如图 9-13 所示。

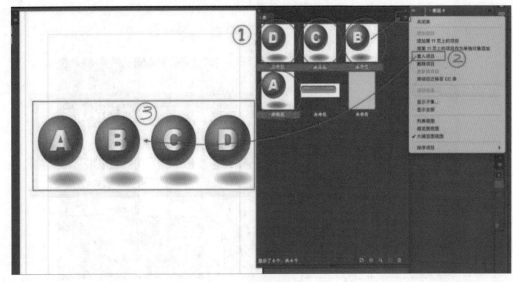

图 9-13

6）将库内容迁移到 CC Libraries

（1）登录 Adobe Creative Cloud 账户，如图 9-14 所示。

图 9-14

（2）在"库"面板中选择面板菜单中的"将项目迁移至 CC 库"命令。

（3）在弹出的"迁移至 CC 库"对话框中，选择"新建 CC 库"单选按钮并定义名称为"按钮库"，单击"确定"按钮。此时，库内容已经迁移至 CC Libraries 中，如图 9-15 所示。

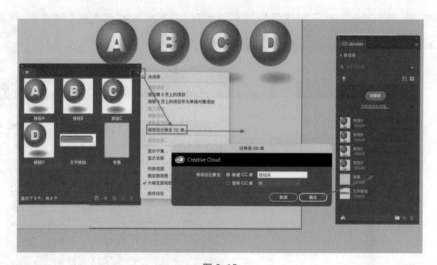

图 9-15

9.3　在 InDesign 中实现抠像效果

在版面设计中时常会用到抠像效果，即在 Adobe Photoshop 中把人像的背景抠成透明，再将带有透明背景的文件置入 InDesign 中与版面图文合成。具体操作如下。

1．置入透明背景的 TIFF 或 PSD 文件

（1）在 Photoshop 中将"人像"照片的背景抠为透明，存储为 TIFF 或 PSD 文件，注意在存储时保留透明图层，如图 9-16 所示。

图 9-16

（2）在 InDesign 中，选择"文件→置入"命令，在弹出的对话框中选择第一步保存的已经将背景抠为透明的人像文件，注意在对话框下方选中"显示导入选项"复选框，单击"打开"按钮。此时，弹出"图像导入选项"对话框，在"图像"选项卡的"Alpha 通道"下拉列表框中选择"透明度"选项，单击"确定"按钮，如图 9-17 所示。

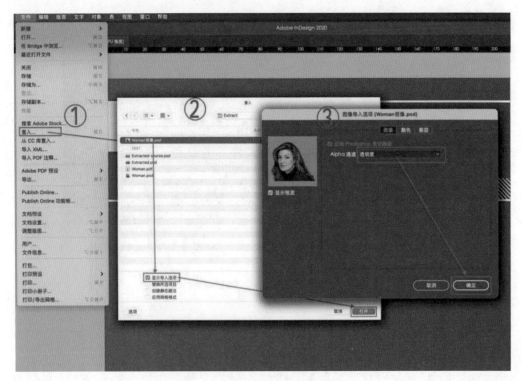

图 9-17

（3）在页面中单击置入透明背景的人像图片，此时人像与文字及背景有机融合在一起，如图 9-18 所示。

图 9-18

2．置入带有 Alpha 通道的文件

有时我们需要在 InDesign 中置入带有 Alpha 通道的文件。首先，在 Photoshop、After Effects 或其他第三方软件中保存带有 Alpha 通道的文件，如图 9-19 所示。

图 9-19

　　然后，在 InDesign 中选择"文件→置入"命令，在弹出的"置入"对话框中选择该文件，注意在对话框下方选中"显示导入选项"复选框，单击"打开"按钮。此时，弹出"图像导入选项"对话框，单击图像选项卡，在"Alpha 通道"下拉列表框中选择"Alpha1"选项，单击"确定"按钮。此时通过 Alpha 通道实现的抠像效果就呈现在版面中，如图 9-20、图 9-21 所示。

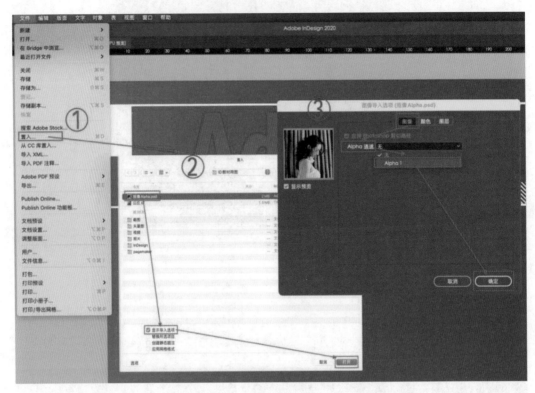

图 9-20

图 9-21

3．置入带有工作路径的文件

在早期的排版软件中，以 PageMaker 为例，若要在版面中放置抠除背景的人像照片，就需要置入带有剪贴工作路径的文件。这就像我们用剪刀把一张画报上的人像剪下来贴在板报上一样，路径起到了剪刀的作用。

InDesign 也继承了这项功能。下面我们介绍具体操作过程。首先，在 Photoshop 中将小黄鸭选中并将选区转为路径，注意这里需要将工作路径保存为一般路径，如图 9-22 所示。

图 9-22

在 InDesign 中置入文件时，同样需要注意在对话框下方选中"显示导入选项"复选框，在"图像导入选项"对话框中单击图像选项卡，选中"应用 Photoshop 剪切路径"复选框。这样用路径"剪去"背景的小鸭子就与版面中的图文结合在一起了，如图 9-23 所示。

图 9-23

第 10 章

文章与版式的编辑

10.1　InDesign 中文章的层次

在 InDesign 中可灵活、精确地对页面中的文本进行设置，如格式化字符、格式化段落、设置字符样式和段落样式等，通过这些设置可以更便捷地创建出规整而丰富的版面。

10.2　关于字体

在 InDesign 中，文字功能是其最强大的功能之一。可以在页面中添加一行文字、创建文本列和行，在形状中或沿路径排列文本以及将字形用作图形对象。在确定页面中文的外观时，可以在 InDesign 中选择字体以及行距、字偶间距和段落前后间距等设置，操作方式见后续讲解，如图 10-1 所示。

图 10-1

10.3　录入文本

在 InDesign 中，可以灵活、准确地对文本进行录入与设置。如设置字符样式和格式化字符等，可以使创建和编排出版物的操作更加方便，从而使版面设计更为丰富，如图 10-2 所示。

图 10-2

10.3.1 键入文本

选择工具栏中的"文字工具",或者按快捷键 T,然后在页面上创建文字区域,拖曳鼠标绘制出矩形边框,释放鼠标,框架的左上角会出现光标,此时即可在该框架中输入文字。例如输入"陶瓷戒指"4 个字,效果如图 10-3 所示。

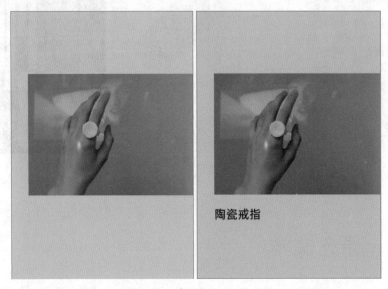

图 10-3

当输入文本的字数过多或者文本字号过大时,可能会出现文本显示不完整或者显示不规范的情况,即文字溢流的情况,这时将文本框架调大即可正确显示。如图 10-4 所示,出现红色加号标志,证明有文字溢出,拖动文字框架变大即可。

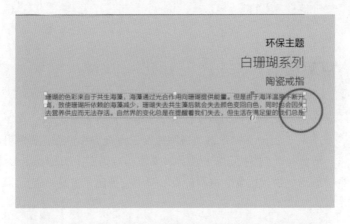

图 10-4

10.3.2　置入文章

编排文字的版面，尤其是长篇文章的文字流处理是一件很繁重的工作。InDesign 继承了 Page Maker 的手法来处理文字流。以下所介绍的几种方式，在实际排版过程中经常交互连用，操作者应视状况来选用最适当的操作方式。

1．手动排文

手动排文必须每次点选文字溢排符号，再决定文字框要出线的位置。

2．自动排文

自动排文会自动增加页面以便产生文字框，从而完整编排全文。只要有空白的版面和栏位，InDesign 就会自动产生文字框并填入版面。

3．半自动排文

第一次点选文字溢排符号后，不需再每次都点选，但是要自行决定文字框产生的位置。

10.3.3　拼写检查

InDesign 可以根据系统中指定的语言，检查多种语言的拼写错误。

"拼写检查"命令可以针对多种语言的拼写错误进行检查和纠正。在使用该命令之前应选中文本，在"字符"面板的语言下拉列表框中为该文本指定语言（2020 版 InDesign 新增了 5 种语言），然后选择"编辑→拼写检查→拼写检查"命令，弹出"拼写检查"对话框，如图 10-5 所示。

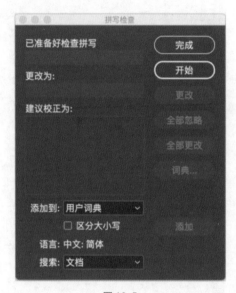

图 10-5

- 开始：单击"开始"按钮进行拼写检查，如果文档中包含错误词汇和语法，那么可以从"建议校正为"单词列表中选择一个单词，或在顶部的文本框中输入正确的单词，然后单击"更改"按钮，以只更改出现拼写错误的单词。
- 跳过 / 全部忽略：单击"跳过"或"全部忽略"按钮继续进行拼写检查，而不更改特定的单词。
- 全部更改：单击"全部更改"按钮更改文档中所有出现拼写错误的单词。
- 添加：单击"添加"按钮，指示 InDesign 将可接受但未识别出的单词存储到"用户词典"中，以便在以后的操作中不再将其判断为拼写错误。

案例操作如图 10-6 所示，文章中 peace 一词拼写错误，使用拼写检查功能按照以下操作进行矫正。首先选中需要进行拼写检查的段落，在"字符"面板中指定语言为"英语"，选择"编辑→拼写检查→拼写检查"命令，在弹出的"拼写检查"对话框中可以看到第一栏中列出软件自动检查出的需要更改的单词，在第二栏中可以输入更改后的单词，或者可以在"建议校正为"下拉列表中选择一个单词，然后单击"更改"按钮。

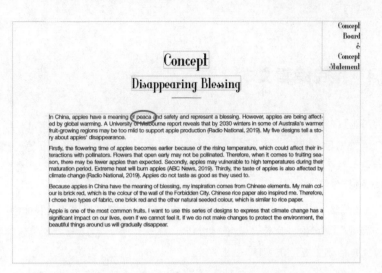

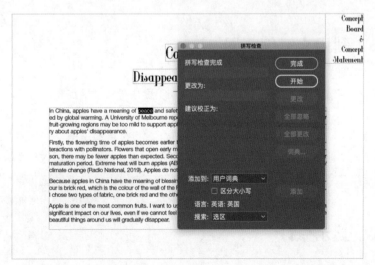

图 10-6

10.3.4　拖曳编辑文本

在文章编辑器或版面视图中使用鼠标拖曳可以编辑文本。可以将文本从"文章编辑器"拖曳到版面窗口，或从面板窗口拖曳到文章编辑器，或拖曳到"查找 / 更改"等对话框中。若从锁定或登记的文章中拖曳文本，文本将会被复制而不移动。在拖曳文本时还可以复制文本或创建新框架。操作方式如下。

（1）选择"编辑→首选项→文字"命令，在弹出的对话框中选中"在版面视图中启用""在文章编辑器中启用"复选框，单击"确定"按钮。

（2）选择要移动或复制的文本。

（3）将光标置于所选文本上，直到显示拖放图标 ▶T，然后拖动该文本。

（4）拖动时所选文本保留原位，但将显示一条竖线，以指示释放鼠标按钮时该文本将出现的位置。竖线会出现在将鼠标拖到其上的任一文本框架中。

（5）执行以下操作之一。

- 要将文本拖动到新位置，需要将竖线置于希望文本出现的地方，然后释放鼠标。
- 要将文本拖动到新框架中，需要在开始拖动后按住 Ctrl 键，然后先释放鼠标，再释放该键。
- 要在拖动文本时不包含格式，需要在开始拖动后按住 Shift 键，然后先释放鼠标，再释放该键。
- 要复制文本，需要在开始拖动后按住 Alt 键（Windows）或 Option 键（Mac OS），然后先释放鼠标，再释放该键。

另外需要注意，也可以使用这些修改键的组合。例如，要将无格式文本复制到新框架中，可在开始拖动之后按快捷键 Alt+Shift+Ctrl。如果拖动文本的间距不正确，需要选择"文字首选项"中的"自动调整间距"命令。

10.3.5　利用文章编辑器

当文档包含文字时，既可以在 InDesign 的文档页面中进行直接编辑，也可以在文章编辑器中进行编辑。

打开文章编辑器的方法如下。选中文本框，在文本框架中单击产生一个插入点，选择"编辑→在文章编辑器中编辑"命令，弹出文章编辑器窗口，在该窗口中可以进行文字的编辑更改。另外，也可以直接在文本对象上右击，在弹出的快捷菜单中选择"在文章编辑器中编辑"命令。

10.3.6　显示修订

在"修订"面板中可以打开或者关闭"修订"功能，可以显示、隐藏、接受或者拒绝参与者所执行的更改。打开"修订"面板的操作如下。

选择"窗口→评论→修订"命令，打开"修订"面板。如只希望在当前文章中启用修订功能，单击"在当前文章中启用修订"按钮或选择"文字→修订→在当前文章中启用修订"命令，根据需要在文章中添加、删除或移动文本。

10.4　为文本调整分栏

选择"版面→边距和分栏"命令打开"边距和分栏"面板，可调整分栏如图 10-7 所示。

- 边距：输入值，以指定边距参考线到页面的各个边缘之间的距离。如果在"新建文档"或"文档设置"对话框中选择了"对页"，则"左"和"右"边距选项名称将更改为"内"和"外"，这样便可以指定更多的内边距空间来容纳装订。
- 栏：指定"栏数"，选择"水平"或"垂直"来指定栏的方向。此选项还可设置文档基线网格的排版方向。

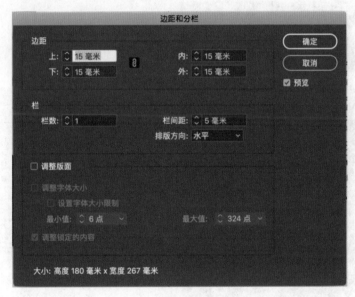

图 10-7

另外，若要更改一个跨页或页面的边距和分栏设置，需转到要更改的跨页或在"页面"面板中选择一个跨页或页面。若要更改多个页面的边距和分栏设置，需在"页面"面板中选择这些页面，或选择控制要更改页面的主页。

10.4.1　利用页面进行格式化分栏

当页面上有多个栏时，中间的栏参考线将成对出现。拖动其中一条栏参考线时，另一条参考线将一起移动。栏参考线之间的间隙就是用户所指定的栏间距；参考线成对移动以保持该值。

需要注意的是，不能为文本框架中的分栏创建不相等的栏宽，但是可以创建带有不同栏宽并且并排串接在一起的多个文本框架。操作方法如下。

（1）选择要更改的主页或跨页。

（2）如分栏参考线被锁定，则选择"视图→网格和参考线→锁定栏参考线"命令来取消锁定。

（3）使用"选择工具"，拖动分栏参考线。不能将其拖动到超过相邻栏参考线的位置，也不能将其拖动到页面边缘之外。

10.4.2　利用文本框架进行个性化分栏

先在操作版面中创建文本框输入内容，选中文本框后，选择"对象→文本框架选项"命令，弹出"文本框架选项"对话框，如图 10-8 所示。选择"常规"选项卡，可找到其中的"栏数"复选框，输入分栏数量以及间隔宽度，选择"预览"复选框以查看效果。在下方属性栏中还可以修改内边距大小，得到想要的分栏效果后将其保存，得到如图 10-9 所示的文本分栏样式。

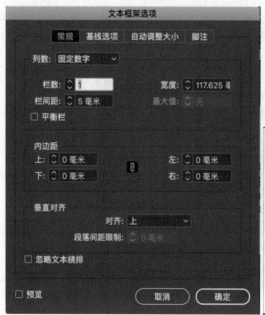

图 10-8

图 10-9

10.5　字符属性

找到字符属性设置，即可在这里设置大小属性，同时还能设置位置属性，以及上标属性、下标属性。另外，还能在这里设置小型大写字母。

10.5.1 字体

改变文字字体，选择字体后，选择"文字→字体"命令，从弹出的菜单中选择相应的字体，如图 10-10 所示。

图 10-10

10.5.2 字号

输入文字以后，如果要更改文字的大小，可以将需要更改的文字选中，选择"文字→大小"命令，然后从弹出的菜单中选择相应的字号。也可以在"字符"面板中对文字大小进行相应的设置。修改文字大小前后的对比效果如图 10-11 所示。

图 10-11

10.5.3 字距

使用"字符"对话框中的选项，可以设置允许 InDesign 偏离标准"字偶间距"、"字符间距"及"比例间距"的程度。在中文文本中，会忽略字距调整设置的"字偶间距"、"字符间距"及"比例间距"。要设置中文文本字符间距，应使用"中文排版设置"、"详情"对话框。"最小值"、"最大值"和"所需值"只有在设置双齐文字时才会生效。若是其他所有段落对齐方式，InDesign 就会使用在"所需值"中输入的值。"最小值"和"最大值"的百分比与"所需值"的百分比差异越大，InDesign 在调整每行对齐时就越可以在更大范围内增大或缩小间距。书写器始终都会尝试让行间距尽可能地接近"所需值"的设置。

10.5.4 字偶间距与比例间距

字偶间距的类型可以使用度量标准字距微调或视觉字距微调来自动微调文字的字距。原始设定字偶间距使用大多数字体附带的字偶间距对。字偶间距对包含有关特定字母对间距的信息。其中包括 LA、P.、To、Tr、Ta、Tu、Te、Ty、Wa、WA、We、Wo、Ya 和 Yo。

在默认情况下，InDesign 使用原始设定字偶间距，以便用户在导入或输入文本时，特定的字符对能够自动进行字偶间距调整。若要禁用原始设定字偶间距，可以选择 0。

视觉字偶间距调整根据相邻字符的形状调整它们的间距，最适合用于罗马字形中。某些字体包括完善的字距微调对规范。不过，如果某一字体仅包含极少的内建字偶间距调整或根本不包含这些内容，或者同一行的一个或多个单词使用了两种不同的字形或大小，则可能需要对文档中的罗马字文本使用视觉字偶间距调整选项。

1. 使用原始设定的字偶间距

- 在希望进行字符对、字偶间距调整的字符间设置文本插入点，或选择文本。
- 在"字符"面板或"控制"面板的"字偶间距" ᴀᵥ 下拉列表框中，选择"量度"。
- 在"字符"面板或"控制"面板的"字偶间距" ᴀᵥ 下拉列表框中，选择"量度"或"量度－仅罗马字"。

2. 使用视觉字偶间距

- 在要进行字偶间距调整的字符间设置文本插入点，或选择要进行字偶间距调整的文本。
- 在"字符"面板或"控制"面板的"字偶间距" ᴀᵥ 下拉列表框中，选择"视觉"选项。

3. 调整单词间的字偶间距

使用"文字工具" T 选择一段文本，然后执行以下操作之一。

- 要在选定单词间添加空格，可以按快捷键 Alt+Ctrl+\。
- 要删除选定单词间的空格，可以按快捷键 Alt+Ctrl+Backspace。
- 要将字偶间距的值增大至原来的 5 倍，可以在按下快捷键的同时按下 Shift 键。

10.5.5　行距

（1）选择"编辑→首选项→文字"命令。
（2）选中"对整个段落应用行距"复选框，然后单击"确定"按钮。

10.5.6　调整文本基线

更改首行基线，选择"对象→文本框架选项"命令，单击"基线选项"选项卡。"首行基线"选项组中的"位移"下拉列表框中将显示以下选项。

- 字母上缘：字体中 d 字符的高度降到文本框架的上内陷之下。
- 大写字母高度：大写字母的顶部触及文本框架的上内陷。
- 行距：以文本的行距值作为文本首行基线和框架的上内陷之间的距离。
- x 高度：字体中 x 字符的高度降到框架的上内陷之下。
- 全角字框高度：字体全角字框的顶端和文本对象顶端相碰。
- 固定：指定文本首行基线和框架的上内陷之间的距离。
- 最小：选择基线位移的最小值。例如，如果选择了"行距"并且指定最小值为 1 点，则仅当行距值大于 1 派卡时，InDesign 才会使用它。

10.5.7　设置 CJK 字符格式

InDesign 支持 4 种排版方法，包括 Adobe CJK 单行书写器、Adobe CJK 段落书写器、Adobe 段落书写器和 Adobe 单行书写器。每种书写器都会针对 CJK 文本和罗马字文本，分析各种可能的折行情形，并且可以按照给定段落中指定的连字和字距调整选项来选择最佳的支持方式。

更改 CJK 排版首选项操作如下。

（1）选择"编辑→首选项→排版"命令。
（2）在"标点挤压兼容性模式"下，执行以下操作之一。

- 选中"使用新建垂直缩放"复选框以使用 InDesign CC 2020 的垂直缩放方法。在直排情况下，罗马字文本通常会被旋转，而 CJK 文本仍然保持直立。在新文档中，该选项处于打开状态。
- 选中"使用基于 CID 信息的中文排版"复选框，借助所选字体的字形而非 Unicode，决定正确的"JIS X 4051 标点挤压等级"。该功能支持所有 CInDesign 字体。其他所有字体都使用 Unicode。

（3）单击"确定"按钮。

10.5.8　垂直和横向缩放文本

首先选中要修改的文字，在控制栏中找到垂直缩放参数，在下拉列表框中选择百分比。当选择的数值大于 100% 时，文字会被拉长；选择的数值小于 100% 时，文字会被压缩变短；选择的数值等于 100% 时，文字恢复为正常大小。另外，选择"窗口→文字和表→字符"命令，打开"字符"面板，也可以执行该操作，如图 10-12 所示。同理，进行横向缩放。

  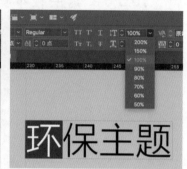

图 10-12

10.5.9　应用着重号和斜变体

1．斜变体

斜变体与简单的字形倾斜不同，区别在于它会同时缩放字形。InDesign 的斜变体功能可以在不更改字形高度的情况下，从欲倾斜文本的中心点调整其大小或角度。操作方式如下。

（1）选择文本。

（2）选择"文字→字符"命令，在"字符"面板的面板菜单中选择"斜变体"命令，如图 10-13 所示。

（3）指定下列选项，然后单击"确定"按钮，如图 10-14 所示。

①在"放大"文本框中指定倾斜程度。

②在"角度"文本框中将倾斜角度设置为 30°、45°或 60°。

③选中"调整旋转"复选框来旋转字形，并以水平方向显示横排文本的水平行，以垂直方向显示直排文本的垂直行。

④选中"调整比例间距"复选框，以应用指定格数。

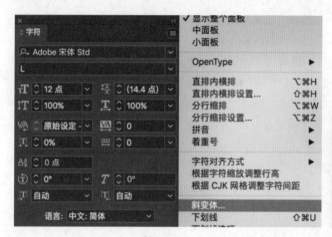

图 10-13

图 10-14

对文本应用斜变体后，可以针对单个字符微调其旋转的倾斜效果，如图 10-15 所示。

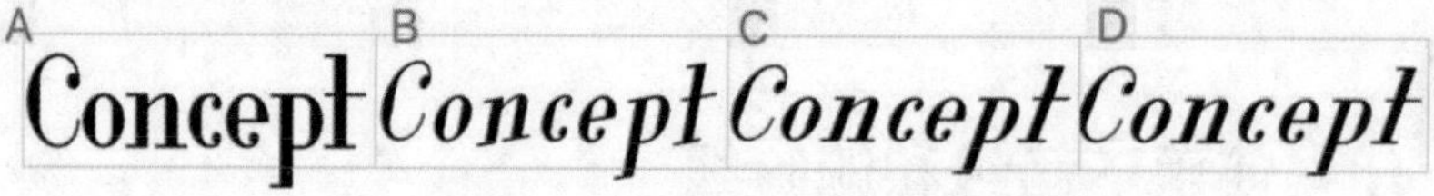

Concept *Concept Concept Concept*

A——未应用缩放；　B——放大为 30%，斜变值为 45；

C——选择"调整比例间距"复选框；D——选择"调整旋转"命令。

图 10-15

2. 着重号

着重号是指加在要强调的文本上的点。着重号的样式既可以从现有的形式中选择，也可以指定着重号字符。此外，还可以通过调整着重号设置，指定其位置、缩放和颜色。

应用着重号的操作方法如下。

（1）选择要强调的字符。

（2）选择"文字→字符"命令，在"字符"面板的面板菜单中选择"着重号"命令下的相应选项，效果如图 10-16 所示。

环保主题　环保主题　环保主题

A——实心圆点着重号；B——实心芝麻点着重号；C——空心圆点着重号

图 10-16

更改着重号设置和颜色的操作如下。

（1）在"字符"面板菜单中选择"着重号→着重号"命令。

（2）在"着重号"对话框中指定下列选项。

- 选择一种着重号字符，如空心圆点。选择"自定"选项可指定一种自定字符。可直接输入字符，或为指定的字符集指定一种字符编码值。
- 偏移：指定着重号与字符之间的距离。
- 位置：选择"上／右"选项，着重号将附加在横排文本上方或直排文本右方；选择"下／左"选项，着重号将附加在横排文本下方或直排文本左方。
- 大小：指定着重号字符的大小。
- 对齐：指定着重号应显示在字符全角字框的中心（"居中对齐"），还是显示在左端（"左对齐"，若是直排文本，则将显示在全角字框的上端）。
- 水平缩放和垂直缩放：指定着重号字符的高度和宽度缩放。

（3）要更改着重号的颜色，可在左侧列表框中选择"着重号颜色"选项，然后进行以下设置。

①从列表框中选择颜色色板。

②根据需要指定着色角度和线条粗细。

③选择"叠印填充"或"叠印描边"，为着重号字符设置填色或描边叠印。

④单击"确定"按钮。

10.5.10 使用下画线和删除线

首先在工作区中选中文本，再选择"窗口→文字和表→字符"命令，弹出"字符"面板，单击面板右上角的菜单按钮，在下拉菜单中选择"下划线"命令，删除线时则选择"删除线"命令，如图 10-17 所示。

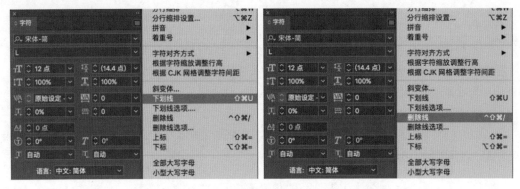

图 10-17

10.5.11 更改大小写

选中要更改的文字对象，选择"文字→更改大小写→大写／小写／标题大小写／句子大小写"命令，效果如图 10-18 所示。

图 10-18

10.5.12　字形和特殊字符

选择"文字→字形"或"窗口→文字和表→字形"命令打开"字形"面板,如图 10-19 所示。使用"字形"面板输入字形。该面板最初显示光标所在处的字体字形,但用户可以查看不同字体、字体中的文字样式(如 Light、Regular 或 Bold)以及面板中显示字体字形的子集(如数学符号、数字或标点符号)。

图 10-19

字形是特殊形式的字符。例如,在某些字体中,大写字母 A 具有多种形式,如花饰字。在"字形"面板中可以找到字体中的任何字形。

插入特殊字符的方式如下。

- 使用"文字工具",在希望插入字符的地方放置插入点。
- 选择"文字→插入特殊字符"命令,然后选择菜单中任意类别中的选项。

另外,如果重复使用的特殊字符未出现在特殊字符列表中,可将它们添加到创建的字形集中。

10.5.13　创建和编辑自定字形集

字形集是指定的一个或多个字体的字形集合。将经常使用的字形存储在字形集中,可以防止在每次需要使用字形时进行查找。字形集并不是连接到任何一个特定文档，而是随其他 InDesign 首选项一起存储在一个可共享的单独文件中。

创建自定字形集的操作如下。

（1）选择"文字→字形"命令，弹出"字形"面板。

（2）执行以下操作之一。

①在"字形"面板菜单中选择"新建字形集"命令。

②在"字形"面板菜单中选择"新建字形集"命令。

（3）输入字形集的名称。

（4）选择将字形添加到字形集的插入顺序，然后单击"确定"按钮。

- 在前面插入：每个新字形列出为字形集中的第一个字形。
- 在结尾处追加：每个新字形列出为字形集中的最后一个字形。
- Unicode 顺序：按照所有字形的 Unicode 值的顺序列出字形。

（5）要将字形添加到自定字形集，可在"字形"面板底部选择包含该字形的字体，单击该字形以选中它，然后从"字形"面板菜单的"添加到字形集"子菜单中，选择自定字形集的名称。

若要查看自定字形集，可在"字形"面板中执行下列操作之一。

- 从"显示"列表中选择字形集。
- 在"字形"面板菜单中选择"查看字形集"命令，然后选择字形集的名称。

若要编辑自定字形集，需要进行以下操作。

①从"字形"面板菜单中选择"编辑字形集"命令，然后选择自定字形集。

②选择要编辑的字形，执行下列任一操作，并单击"确定"按钮。

- 若要将字形绑定到它的字体，可选中"记住字形的字体"复选框。系统将记住其字体的字形插入文档中的选定文本时，该字形将忽略应用于该文本的字体。该字形还将忽略它自己在"字形"面板中指定的字体。如果取消选择此选项，则使用当前字体的 Unicode 值。
- 要查看其他字形，可选择另一种字体或样式。如果字形未定义字体，则无法选择另一种字体。
- 想要从自定字形集中删除字形，可选择"从集中删除"选项。

要更改将字形添加到集中的顺序，可选择"插入顺序"选项。如果在创建字形集时选择了"在前面插入"或"在结尾处追加"，则"Unicode 顺序"不可用。

若想从自定字形集中删除字形，则进行如下操作。

（1）在"字形"面板中，从"显示"下拉列表框中选择"自定字形集"命令。

（2）右击一种字形，然后选择"从集中删除字形"命令。

删除自定字形集可进行如下操作。

（1）从"字形"面板菜单中选择"删除字形集"命令。

（2）单击自定字形集的名称。

（3）单击"是"按钮确认。

存储并载入字形集，需进行以下操作。

自定字形集存储在 Presets 文件夹下 Glyph Sets 子文件夹的文件中。可以将字形集文件复制到其他计算机中，从而使其他用户可使用自定字形集。在下列文件夹中复制字形集文件，可以与其他用户共享。

1．Mac OS

用户 \[用户名]\ 资源库 \Preferences\Adobe InDesign\[版本]\[语言]\Glyph Sets

2．Windows XP

Documents and Settings\[用户名]\Application Data\Adobe\InDesign\[版本]\[语言]\Glyph Sets

3．Windows Vista 和 Windows 7

用户 \[用户名]\AppData\Roaming\Adobe\InDesign\[版本]\[语言]\Glyph Sets

10.6　利用标尺定位文本

标尺可以帮助设计者准确定位和度量页面中的对象。

选择"视图→显示标尺"命令，或者按快捷键 Ctrl+R，可以在页面中显示标尺。标尺出现在窗口的顶部和左侧。如果需要隐藏标尺则选择"视图→隐藏标尺"命令，或者按快捷键 Ctrl+R，如图 10-20 所示。

图 10-20

设置标尺的方式如下。

选择"版面→标尺参考线"命令，弹出"标尺参考线"对话框，可以对"视图阈值"和"颜色"进行设置，如图 10-21 所示。

图 10-21

- 视图阈值：指定适合的放大倍数（在此倍数下，标尺参考线将不再显示）。这可以防止在较低的放大倍数下标尺参考线彼此的距离太近。
- 颜色：在颜色下拉列表框中可以选择一种颜色，或者选择"自定"选项后在系统拾色器中指定一种颜色。

10.7　段落属性

选择"窗口→文字和表→段落"命令或者按快捷键 Ctrl+Alt+T，弹出"段落"面板，如图 10-22 所示。

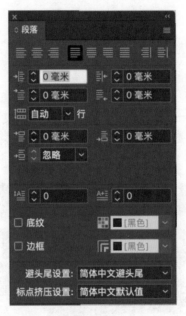

图 10-22

10.7.1　对齐方式

如图 10-22 所示，"段落"面板中可操作的对齐方式如下。

- 左对齐：文字左对齐，段落右端参差不齐。
- 居中对齐：文字居中对齐，段落两端参差不齐。
- 右对齐：文字右对齐，段落左端参差不齐。
- 双齐末行齐左：最后一行左对齐，其他行左右两端强制对齐。
- 双齐末行居中：最后一行居中对齐，其他行左右两端强制对齐。
- 双齐末行齐右：最后一行右对齐，其他行左右两端强制对齐。
- 全部强制对齐量：在字符间添加额外的间距，使文本左右两端强制对齐。

10.7.2　缩进

如图 10-22 所示，"段落"面板中可操作的缩进方式如下。

- 朝向书脊对齐：可设置"左缩进"对齐，效果如图 10-23 所示。
- 背向书脊对齐：可设置"右缩进"对齐，效果如图 10-24 所示。

图 10-23

图 10-24

- 左缩进：用于设置段落文本向右（横排文字）或向下（直排文字）的缩进量。
- 右缩进：用于设置段落文本向左（横排文字）或向上（直排文字）的缩进量。
- 首行左缩进：用于设置段落文本中每个段落的第 1 行向右（横排文字）或第 1 列文字向下（直排文字）的缩进量。
- 末行右缩进：用于在段落末行的右边添加悬挂缩进。
- 强制行数：可以通过增大某一行文字与上下文字之间的行间距来突出显示这一行文字，常用于标题文字、引导语等。
- 段前间距：用于设置所选段落与上一段文字之间的纵向距离，数值越大距离越远。
- 段后间距：用于设置所选段落与下一段文字之间的纵向距离，数值越大距离越远。
- 首字下沉行数：用于指示首字下沉的行数。例如，将首字下沉行数设置为 2，那么第一个字母的大小会被增大到两行文字的尺寸。
- 首字下沉一个或多个字符：当设置了"首字下沉行数"后，在这里可以设置"下沉"的字数，例如设置为 3，则段首的 3 个字符都会产生下沉效果。
- 底纹：用于给文字添加底色，在"底纹颜色"下拉列表框中选择底纹颜色即可。

10.7.3　段前距和段后距

调整段落间距可以控制段落间的间距量。如果某个段落始于栏或框架的顶部，则 InDesign 不遵循"段前间距"值。在这种情况下，可以在 InDesign 中增大该段落第一行的行距或该文本框架的上内边距。调整段落前距和段后距的操作如下。

选择文本，在"段落"面板或"控制"面板中，调整"段前间距" 、"段后间距" 以及"段落之间的间距使用相同的样式" 的相应值。

> **注意**
>
> 仅当两个连续段落具有相同的段落样式时，才会使用"段落之间的间距使用相同的样式"的值。如果段落样式不同，则将使用"段前间距"和"段后间距"的现有值。另外，要确保格式一致，需更改段落样式中定义的段落间距。

10.7.4　设置段首下沉

段首下沉指的是对段落中的首个字符和多个字符进行放大，实现字符跨几行的效果，便于对相关文字段落起到突出显示的作用。段首下沉设置的方法如下。

选择"窗口→文字和表→段落"命令，或按快捷键 Ctrl+T，弹出"段落"面板，用"文字工具"把光标定位到要进行首字下沉的段落，调整"段落"面板中的"首字下沉" 参数，进行下沉行数的设定，也可以通过"首字下沉一个或多个字符"参数设置下沉的字符数量。用户也可以打开控制栏中的"段落"面板进行设置，或按快捷键 Ctrl+Alt+6，用"文字工具"把光标移到要进行文字下沉的段落中，之后对"段落"面板中"首字下沉行数"进行设置。图 10-25 所示为设置首字母 I 下沉 3 行。

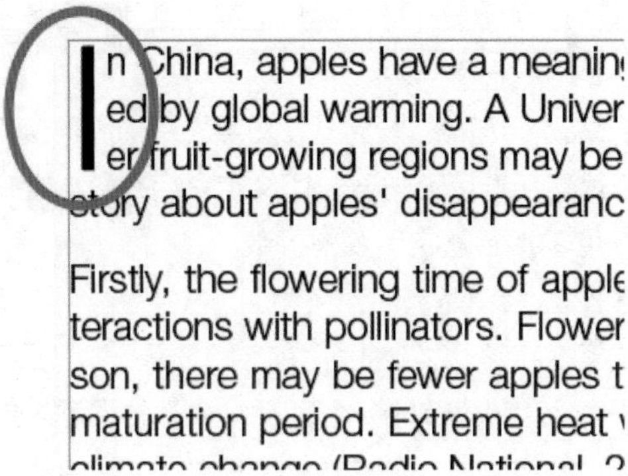

图 10-25

10.7.5　添加段落线

段落线是一种段落属性，可以随段落在页面中一起移动并适当调节长短。段落线的宽度由栏宽决定。段前线位移是指从文本顶行的基线到段前线的底部的距离。段后线位移是指从文本末行的基线到段后线的顶部的距离。如图 10-26 所示，A 为段前线，B 为段后线。

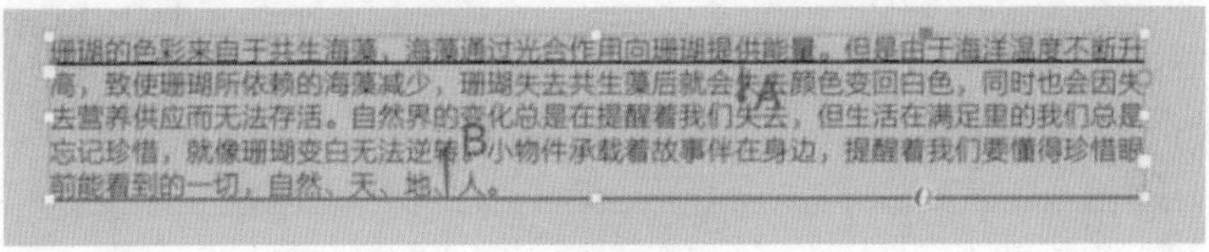

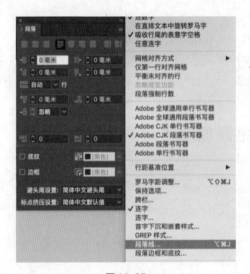

图 10-26

1. 添加段前线或段后线

（1）选择文本。

（2）在"段落"面板或"控制"面板中单击菜单按钮，在弹出的下拉菜单中选择"段落线"命令，如图 10-27 所示。

图 10-27

（3）在"段落线"对话框中选择"段前线"或"段后线"。

（4）选中"启用段落线"复选框。如果要同时设置段前线和段后线，则应确保"段前线"和"段后线"均选中了"启用段落线"复选框。

（5）选中"预览"复选框查看段落线的外观。

（6）在"粗细"文本框中，选择一种粗细效果或输入一个值，以确定段落线的粗细。在"段前线"中增加粗细，可向上加宽该段落线。在"段后线"中增加粗细，可向下加宽该段落线。

（7）如果要确保在印刷时描边不会使下层油墨挖空，可以选中"叠印描边"复选框。

（8）执行下列一项或两项。

- 选择颜色。"颜色"面板中所列为可用颜色。选择"文本颜色"命令，使段前线颜色与段落中第一个字符的颜色相同，使段后线颜色与段落中最后一个字符的颜色相同。

- 选择色调或指定一个色调值。色调以所指定颜色为基础。注意，用户无法创建"无"、

"纸色"、"套版色"或"文本颜色"等内建颜色的色调。

如果指定了实线以外的线条类型，可以通过"间隙颜色"或"间隙色调"来更改虚线、点或线之间区域的外观。

（9）选择段落线的宽度。可以选择"文本"（从文本的左边缘到该行末尾）或"栏"（从栏的左边缘到栏的右边缘）选项。如果框架的左边缘存在栏内边距，段落线将会从该内边距处开始。

（10）要确定段落线的垂直位置，可以在"位移"中输入一个值。

（11）要确保文本上方的段落线绘制在文本框架内，可以选中"保持在框架内"复选框。如果未选中此复选框，则段落线可能会显示在文本框架之外。

（12）在"左缩进"和"右缩进"文本框中输入值，设置段落线（而不是文本）的左缩进或右缩进。

（13）如果要使用另一种颜色印出段落线，并且希望避免出现印刷套准错误，可选中"叠印描边"复选框，然后单击"确定"按钮。

2．删除段落线

（1）使用"文字工具"，在包含段落线的段落中单击。

（2）在"段落"面板菜单或"控制"面板菜单中选择"段落线"命令。

（3）在弹出的"段落线"对话框中取消选中"启用段落线"复选框，然后单击"确定"按钮。

10.7.6　为段落添加底纹

利用段落底纹功能可以在段落背后创建底纹和颜色。在文档中为段落添加底纹时，如果增加或减少段落中的内容，InDesign 则可以确保展开或折叠底纹。另外，底纹会随着段落移动。操作方式如下。

在"段落样式"面板（"窗口→样式→段落样式"）菜单中，选择"样式选项→段落边框"命令。从"段落"面板（"窗口→文字和表→段落"）菜单中选择"段落边框和底纹"命令。

10.7.7　添加项目符号

（1）在"控制"面板菜单或"段落"面板菜单中，选择"项目符号和编号"命令。

（2）在"项目符号和编号"对话框中，从"列表类型"下拉列表框中选择"项目符号"选项。

（3）选择其他项目符号字符，然后单击"确定"按钮。

10.8　字符样式的编辑

字符样式是通过一个步骤就可以将样式应用于文本的一系列字符格式属性的集合。

选择"文字→字符样式"命令，弹出"字符样式"面板，如图 10-28 所示。

- 创建新样式组：单击"创建新样式组"按钮可以创建新的样式组，可以将新样式放入组中。
- 创建新样式：单击"创建新样式"按钮可以创建新的样式。
- 删除选项样式 / 组：可以将当前选中的新样式或新样式组删除。

图 10-28

10.8.1　字符属性的定义

选择"窗口→文字和表→字符"命令，或按快捷键 Ctrl+T 弹出"字符"面板，该面板用来定义页面中字符的属性，如图 10-29 所示。

图 10-29

10.8.2　字符属性的编辑

"字符"面板的功能如下。

- 文字大小 ：用于更改文字的大小。选中页面中的文字，输入数值或者在下拉列表框中选择预设的字体大小。图 10-30 所示分别为不同大小的文字效果。

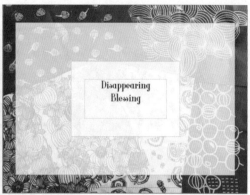

图 10-30

- 设置行距■：行距是指上一行文字基线与下一行文字基线之间的距离。选择需要调整的文字，然后在"设置行距"文本框中输入数值或在列表框中选择预设的行距值。图 10-31所示分别为行距值为 30 点和 60 点的文字效果。

图 10-31

- 垂直缩放■与水平缩放■：设置文字的垂直或水平缩放比例，调整文字的高度或宽度。图 10-32 所示为不同缩放比例的文字效果。

图 10-32

- 字偶间距 ᴠᴀ：用于设置两个字符之间的距离。在设置时先要将光标插入需要调整字距的两个字符之间，然后在文本框中输入所需的间距值或在列表框中选择预设的间距值。输入正值时，字距会扩大；输入负值时，字距会缩小，如图 10-33 所示。

图 10-33

- 字符间距 ᴠᴀ：用于设置文字的字符间距。输入正值时，字距会扩大；输入负值时，字距会缩小，如图 10-34 所示。

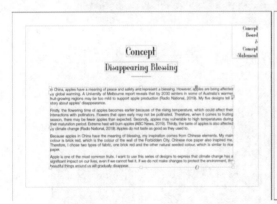

图 10-34

- 比例间距 ᴛ：按指定的百分比来减少字符周围的空间。因此，不是字符本身被伸展或挤压，而是字符之间的间距被伸展或挤压。图 10-35 所示是比例间距分别为 0% 和 100% 时的字符效果。

图 10-35

- 网格指定格数 ▦：使用"网格指定格数"命令可以直接为选中的文本设置占据的网格单元数。例如，如果选择了 4 个输入的字，将网格指定格数改为 7，那么字符就会平均分布在这 7 个单元格中，如图 10-36 所示。

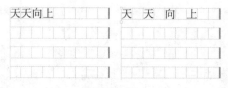

图 10-36

- 基线偏移 ♙：用来设置文字与文字基线之间的距离。输入正值时，文字会上移；输入负值时，文字会下移，如图 10-37 所示。

图 10-37

- 字符旋转 ⏻：用来设置文本的旋转。输入正值时文字会向左旋转；输入负值时文字会向右旋转，如图 10-38 所示。

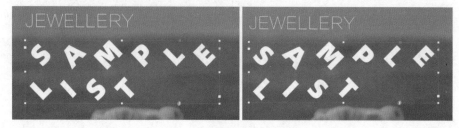

图 10-38

- 倾斜（伪倾斜）𝑻：用来设置部分文字或整体文字的倾斜角度。当要为部分文字设置倾斜角度时，可以选择这些文字然后输入数值。如果要设置全部文字倾斜，可以选择文本框，然后设置倾斜角度。输入正值时，文字会向右倾斜；输入负值时，文字会向左倾斜，如图 10-39 所示。

图 10-39

- 字符前 T / 后 T 挤压间距：以当前文本为基础，在字符前或字符后插入空白。当该行设置为两端对齐时，不能调整该空格。插入的空格是以一个全角空格为单位的。例如指定"1/4 全角空格"，会在字符前 / 后添加全角空格的 1/4 间距，如图 10-40 所示。

图 10-40

- 语言：可在下拉列表框中选择一种语言类别。

10.8.3　字符样式的创建、编辑与应用

与段落样式不同，字符样式不包括选定文本中的所有格式属性。相反，当创建字符样式时，InDesign 所生成的样式只包含那些与选定文本中的格式不同的属性。这样所创建的字符样式在应用于文本时，可以只更改某些属性，如字体系列和大小，而忽略其他所有的字符属性。如果要将其他属性也包括在字符样式中，可以在编辑样式时添加它们。

如果需要在现有文本格式的基础上创建一种新的样式，可以选择该文本，然后从"字符样式"面板菜单中选择"新建字符样式"命令，在弹出的"字符样式选项"对话框中进行设置。

10.9　段落样式的编辑

选择"文字→段落样式"命令，或者选择应用程序窗口右侧的"段落样式"按钮，弹出"段落样式"面板。

编辑段落样式的操作方式如下。

（1）执行以下操作之一。

①如果不想把某种样式应用于选定的文本，可以在"段落样式"面板中右击该样式的名称，在弹出的快捷菜单中选择"编辑 [样式名称]"命令。

②在"段落样式"面板中，双击样式名称，或者在选择某种样式后从"样式"面板菜单中选择"样式选项"命令。

──〔 注 意 〕──────────────────────

单击或双击样式会将该样式应用于当前选定的文本或文本框架；如果没有选定任何文本或文本框架，则会将该样式设置为新框架中输入的任何文本的默认样式。

（2）在对话框中调整设置，然后单击"确定"按钮。

10.9.1 段落属性的定义

段落间距可以控制段落间的间距量。如果某个段落始于栏或框架的顶部，则 InDesign 不遵循段前间距值。在这种情况下，可以在 InDesign 中增大该段落第一行的行距或该文本框架的上内边距。

10.9.2 段落属性的编辑

操作方式如下。

选择文本，在"段落"面板或"控制"面板中，调整"段前间距" 圖、"段后间距" 圖 以及"段落之间的间距使用相同的样式" 圖的相应值。

需要注意的是，仅当两个连续段落具有相同的段落样式时，才会使用具有相同样式的段落之间的间距的值。如果段落样式不同，则将使用"段前间距"和"段后间距"的现有值。要确保格式一致，可以更改在段落样式中定义的段落间距。

10.9.3 段落样式的创建、编辑与应用

如果需要在现有文本格式的基础上创建一种新的样式，可以选择该文本或者将插入点放在该文本中，然后从"段落样式"面板的面板菜单中选择"新建段落样式"命令，或从"字符样式"面板的面板菜单中选择"新建字符样式"命令。在弹出的"段落样式选项"或"字符样式选项"对话框中进行设置。

- 样式名称：可以在该文本框中为新样式命名。
- 基于：可以选择当前样式所基于的样式。
- 下一样式：该选项（仅限"段落样式"面板）可以指定当按 Enter 键时在当前样式之后应用的样式。
- 快捷键：要添加键盘快捷键，将插入点放在"快捷键"文本框中，并确保 NumLock 键已打开。可以按 Shift、Alt 和 Ctrl 键的任意组合键来定义样式快捷键。如果键盘没有 NumLock 键，则无法为样式添加键盘快捷键。
- 重置为基准样式：单击该按钮可以重新复位为基准样式。
- 样式设置：可以在该选项下方的列表框中查看样式。
- 将样式应用于选区：如果要将新样式应用于选定文本，可以选中该复选框。

10.10　利用文章编辑器编辑文章

在 InDesign 中，用户可以利用版面页面或文章编辑器来编辑文本。在文章编辑器中撰写和编辑文章时，可以按照在"首选项"对话框中指定的字体、大小及间距显示整篇文章，而不会受到版面或格式的影响；还可以在文章编辑器中查看对文本所执行的修订。

每篇文章都显示在不同的文章编辑器中。文章中的所有文本（包括溢流文本）都会显示在文章编辑器中。可以同时打开多个文章编辑器窗口，包括同一篇文章的多个实例。垂直深度标尺指示文本填充框架的程度，直线指示文本溢流的位置。

编辑文章时，所做的更改将反映在版面窗口中。"窗口"菜单会列出打开的文章。用户不能在文章编辑器中创建新文章。

1. 打开文章编辑器

（1）选择文本框架，在文本框架中单击一个插入点，或从不同的文章选择多个框架。

（2）选择"编辑→在文章编辑器中编辑"命令。

如图 10-41 所示，A 代表段落样式，B 代表分隔线，C 代表垂直深度标尺，D 代表溢流文本指示符。

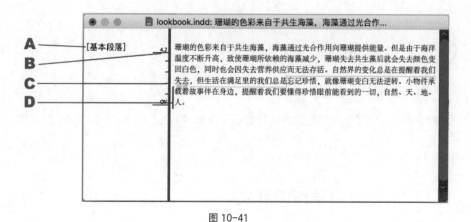

图 10-41

文章编辑器可以用来查看和编辑表，文本显示在连续的列和行中以便编辑。在这里可以快速展开或折叠表，并且可以决定按照行还是列查看表。如果打开了修订功能，则文章编辑器还会显示已添加、删除或编辑的文本。

2. 返回版面窗口

在文章编辑器中执行下列操作之一，均可返回版面窗口。

- 选择"编辑→在版面中编辑"命令。使用这种方法时，版面视图显示的文本选区或插入点位置与文章编辑器中上次显示的相同，文章窗口仍打开但已移到版面窗口的后面。
- 单击版面窗口。文章窗口仍打开但移到版面窗口的后面。
- 关闭文章编辑器窗口。
- 从"窗口"菜单的底部选择文档名称。

3. 显示或隐藏文章编辑器项目

用户可以显示或隐藏样式名称列和深度标尺、展开或折叠脚注，以及显示或隐藏用于指示新段落开始位置的分段标记。这些设置会影响所有打开的文章编辑器窗口以及随后打开的窗口。

（1）当文章编辑器处于现用状态时，选择"视图→文章编辑器→显示样式名称栏 / 隐藏样式名称栏"命令，可以显示或隐藏样式名称栏；也可拖动分隔线来调整样式名称栏的宽度。随后打开的文章编辑器窗口具有相同的栏宽。

（2）当文章编辑器处于现用状态时，选择"视图→文章编辑器→显示深度标尺 / 隐藏深度标尺"命令，可以显示或隐藏深度标尺。

（3）当文章编辑器处于现用状态时，选择"视图→文章编辑器→展开全部脚注 / 折叠全部脚注"命令，可以展开或折叠全部脚注。

（4）当文章编辑器处于现用状态时，选择"视图→文章编辑器→显示分段标记 / 隐藏分段标记"命令，可以显示或隐藏分段标记。

10.11　自动目录的应用

在生成目录之前首先要明确目录中的内容，如章、节标题等。接下来以一本有三级标题的书为例进行介绍。我们将这些标题称为一级标题（章标题）、二级标题（节标题）、三级标题（小节标题）。

10.11.1　定义目录所需样式

想让这些标题自动在目录中出现，就需要统一标题的格式，即定义标题为样式。我们需要在段落样式中分别定义一级标题、二级标题和三级标题 3 种段落样式。定义段落样式的方法如下：在"段落样式"面板中单击新建按钮，然后在弹出的对话框中设置段落的相关参数，如字体、字号、段落间距等，最后确定修改。分别将这些段落样式应用于正文相应的标题上，如图 10-42 所示。

定义好标题样式之后，可以定义这些标题在目录项中的格式，也就是目录的字体、字号等，即条目样式。我们可以将其编辑为一级条目、二级条目、三级条目，方法同上，即 3 种标题在目录中的格式分别为一级条目格式、二级条目格式、三级条目格式。

图 10-42

10.11.2　创建自动目录

选择"版面→目录"命令，弹出"目录"对话框。在"目录"对话框中的"标题"处设置名称，在"样式"下拉列表框中对标题名称的文档进行设定，如图 10-43 所示。

- 条目样式：其中包括段落样式中的每一种样式，选择一种即可。
- 创建 PDF 书签：将文档导出为 PDF 时选择此选项，可以在 Adobe Acrobat 或 Adobe Reader 的书签面板中汇总显示目录条目。
- 编号的段落：如果目录中包括使用编号的段落样式，可以指定目录条目是包括整个段落、只包括编号还是只包括段落。
- 框架方向：用于创建目录的文本框架的排版方向。

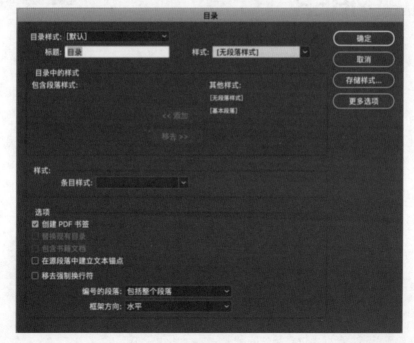

图 10-43

10.12　区域文本的应用

使用水平网格工具或垂直网格工具可以创建区域框架网格，并输入或置入复制的文本。在"命名网格"面板中设置格式属性并将其应用于使用这些工具创建的区域框架网格。可以在"框架网格"对话框中更改框架网格设置，效果如图 10-44 所示。

图 10-44

1．水平网格工具

选择工具栏中的"水平网格工具"，在页面中按住鼠标左键并拖曳，即可确定所创建框架网格的高度和宽度。在拖曳的同时按住 Shift 键，就可以创建出方形框架网格，并在网格中输入文字。

2．垂直网格工具

选择工具栏中的"垂直网格工具"，在页面中按住鼠标左键并拖曳，确定所创建框架网格的高度和宽度。在拖曳的同时按住 Shift 键就可以创建方形框架网格，并在网格中输入相应的文字。

3．编辑网格框架

使用"选择工具"选中要修改其属性的框架，然后选择"对象→框架网格选项"命令，在弹出的"框架网格"对话框中进行相应的设置，如图 10-45 所示。

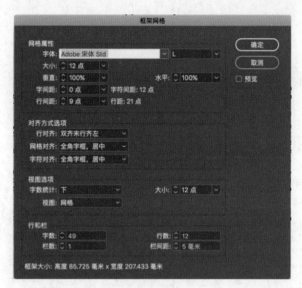

图 10-45

- 字体：选择字体系列和字体样式。这些字体设置将根据版面网格应用到框架网格中。
- 大小：指定文字大小。这个值将作为网格单元格的大小。
- 垂直和水平：以百分比形式为全角亚洲字符指定网格缩放。
- 字间距：指定框架网格中单元格之间的距离。这个值将被用作网格间距。
- 行间距：指定框架网格中行之间的距离。这个值被用作从首行网格的底部（或左边），到下一行网格的顶部（或右边）之间的距离。如果设置了负值，"段落"面板菜单中"字距调整"下的"自动行距"值将自动设置为 80%（默认值为 100%），只有当行间距超过由文本属性中的行距所设置的间距时，网格对齐方式才会增加该值。直接更改文本的行距值，将改变网格对齐方式，向外扩展文本行，以便与最接近的网格行匹配。
- 行对齐：选择一个选项，以指定文本的行对齐方式。例如，如果为垂直框架网格选择"上"，则每行的开始将与框架网格的顶部对齐。
- 网格对齐：选择一个选项，以指定将文本与全角字框、表意字框对齐，还是与罗马字基线对齐。
- 字符对齐：选择一个选项，以指定将同一行的小字符与大字符对齐的方法。
- 字数统计：选择一个选项，以确定框架网格尺寸和字数统计的显示位置。
- 视图：选择一个选项，以指定框架的显示方式。"网格"显示包含网格和行的框架网格。"N/Z 视图"将框架网格方向显示为深蓝色的对角线，插入文本时并不显示这些线条。"对齐方式视图"显示仅包含行的框架网格。"对齐方式"显示框架的行对齐方式。"N/Z 网格"的显示为"N/Z 视图"与"网格"的组合。
- 字数：指定一行中的字符数。
- 行数：指定一栏中的行数。
- 栏数：指定一个框架网格中的栏数。
- 栏间距：指定相邻栏之间的距离。

10.13　适合路径文本的应用

路径文字工具用于将路径转换为文字路径，然后在文字路径上输入和编辑文字，常用于制作特殊形状的沿路径排列文字的效果，如图 10-46 所示。

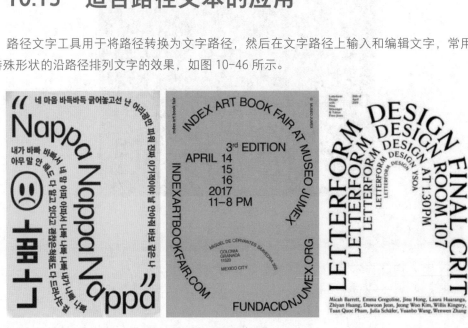

图 10-46

选择工具栏中的"钢笔工具"或者按快捷键 P，在图像中绘制一条路径，可以是开放路径，也可以是封闭路径。选择工具栏中的"路径文字工具" ，将指针置于路径上单击并直接输入文字。

垂直路径文字工具的用法与路径文字工具相似，区别在于文字方向为直排。使用矩形工具绘制出一个矩形，然后选择工具栏中的"垂直路径文字工具" ，移动光标到多边形的边缘处单击，将路径变为文字路径，然后输入文字。

第 11 章

表格的应用

文本、图片、表格是文档的三大内容。表格中可以放置文本和图片，其中的文本可以使用段落样式，表格也有自己的样式。

本章介绍 InDesign 中关于表格的应用管理、如何创建表格、表格中常用的菜单和选项、修改表格单元格的属性、单元格的合并与折分、应用表格制作设计稿件等知识。

11.1　创建表格

表格又称为表，表格的种类很多，既是一种可视化交流模式，又是一种组织整理数据的手段。人们在通信交流、科学研究以及数据分析活动当中广泛采用形形色色的表格。各种表格常常会出现在印刷介质、手写记录、计算机软件、建筑装饰、交通标志等许多地方。在种类、结构、灵活性、标注法、表达方法以及使用方面，表格形式各有不同。

普通表格一般由表题、表头、表身和表注 4 部分组成，如图 11-1 所示。

总价措施项目清单与计价表

工程名称：806#楼采暖　　　　标段：兰州石油化工公司文化街区二期工程-806#~816#综合住宅楼施工一标段　　　　第 1 页 共 1 页

序号	项目编码	项目名称	计算基础	费率(%)	金额(元)	调整费率(%)	调整后金额(元)	备注
		一　安全文明施工费						
1	031302001005	环境保护费	人工费	1.32				
2	031302001006	文明施工费	人工费	2.14				
3	031302001007	安全施工费	人工费	10.5				
4	031302001008	临时设施费	人工费	8.32				
		二　其他总价措施项目						
5	031302002002	夜间施工增加费	人工费	3.21				
6	031302004002	二次搬运费	人工费	0				
7	031302006002	已完工程及设备保护费	人工费	0.18				
8	031302005002	冬雨季施工增加费	人工费	4.26				
9	03B004	工程定位复测费	人工费	0.92				
10	03B005	施工因素增加费	人工费	0				
11	03B006	特殊地区增加费	人工费	0				

图 11-1

续表

		合　计						

编制人（造价人员）：　　　　　　　　　　　　　　　　复核人（造价工程师）：

注：1.“计算基础”中安全文明施工费可为“定额基价”、“定额人工费”或“定额人工费+定额机械费”，其他项目可为“定额
人工费”或“定额人工费+定额机械费”。
　　2.按施工方案计算的措施费，若无“计算基础”和“费率”的数值，也可只填“金额”数值，但应在备注栏说明施工方案出
处或计算方法。

图 11-1（续）

11.1.1　直接创建表格

在 InDesign 中，表格与文字可以混合处理，表格可以被当作一段特殊的文字，如字符一样
处理。在 InDesign 中，表格可以建立在文本块中及图文框中。

（1）创建表格之前可利用“文字工具”　T　在页面绘出一个文本区域，用于编排表格，图 11-2
所示为矩形文本区域。

图 11-2

（2）利用“文字工具”输入表格，表头为“xxx 表”，字体设置为“黑体”，排版方式为“居
中”，字号大小为 14 点，如图 11-3 所示。

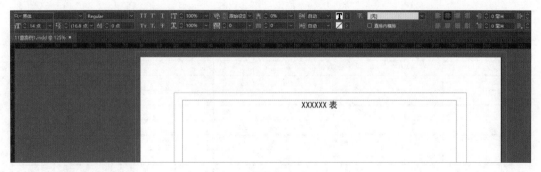

图 11-3

（3）另起一行，选择"表→插入表"命令，或者按快捷键 Shift + Ctrl + Alt + T，弹出"插入表"对话框，参数设置如图 11-4 所示。

图 11-4

可以在弹出的"插入表"对话框中设置要插入表格的行数和列数，在本例中表格正文行的数据为 9，列的数据为 7。可以在对话框中直接输入所需的数值，也可以单击数值输入框左侧上下箭头按钮直到右侧的文本框中出现所需的数值为止。设置完成后，单击"确定"按钮，页面中出现一张空的表格，如图 11-5 所示。

图 11-5

直接创建的表格并不能符合我们的要求，需要进一步对表格进行设置。

11.1.2 从其他应用程序导入表格

在日常工作中，经常会遇到将已制作好的表格导入 InDesign 中进行编辑和操作的情况，这些表格通常是由其他程序（如 Microsoft Word 或 Microsoft Excel）制作的，早期的排版软件的做法是将表格转换为文本文件，然后置入排版文件中重新排版，这样就增加了不必要的重复工作。在 InDesign 中能直接导入 Word 和 Excel 制作好的表格，其编辑操作与在 InDesign 中制作的表格完全一样。

下面通过一个具体的实例来介绍 Word 表格的导入。图 11-6 所示是一个在 Word 中制作的表格。

图 11-6

（1）存储表格并命名为"××表单 .doc"文件。在 InDesign 中选择"文件→置入"命令，在弹出的对话框中选择 Word 文件存储的文件夹位置。

（2）如果在置入的时候选中"显示导入选项"复选框，则会弹出置入 Word 文件选项对话框，可以按要求更改导入 Word 文件的选项，如图 11-7、图 11-8 所示。

图 11-7   图 11-8

（3）在这里只导入表格，因此不做更改，直接单击"确定"按钮，InDesign 将显示处理界面，在其中可以看到软件处理文件的进度。

（4）文件处理完成后，光标将变为插入光标，在页面中单击并拖拉出一个文本框，页面显示置入的文件。试着更改单元格的属性、行高或列宽，可以发现插入的表格和在 InDesign 中制作的表格的编辑和修改是一样的，如图 11-9 所示。

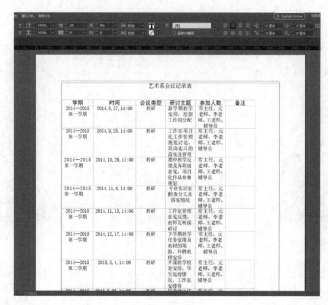

图 11-9

Excel 表格的导入与 Word 表格的导入方法相同，这里不再赘述。

11.1.3　从现有文本创建表格

在 InDesign 中可以在文字中创建表格，同时表格也可以转换成文字。

（1）将文字转换成表格。图 11-10 所示为一个以 Tab 键及 Enter 键间隔的文本"×××.txt"文件。

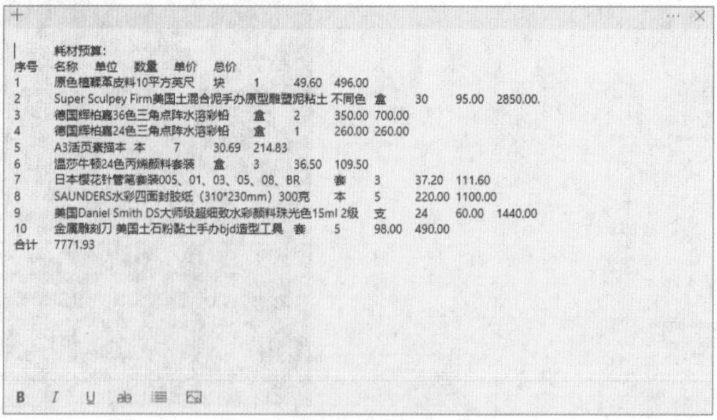

图 11-10

（2）选择"文件→置入"命令，在弹出的对话框中选择"×××.txt"文件并将其置入，利用"文字工具"选中这些文本，使其呈反白状态（选中状态）。

（3）选择"表→将文本转换为表"命令，即可把这些文字转换为表格。转换的规则为每按一次 Tab 键为一个单元格，每按一次 Enter 键为新起一行。转换后的表格如图 11-11 所示。

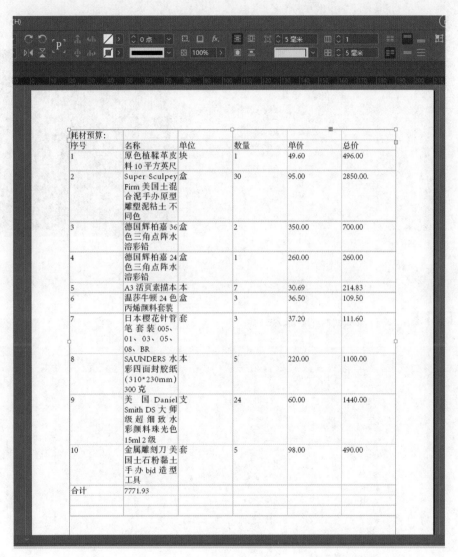

图 11-11

11.1.4　向表格添加文本和图形

在表格的各个单元格中输入所需的文字。文字可以设置成居右排版，或设置成居左排版。可以选中单元格，通过选择"表→单元格选项→文本"命令来设置，也可以通过"表"面板来设置。

选择"窗口→文字和表→表"命令，弹出"表"面板，如图 11-12 所示。

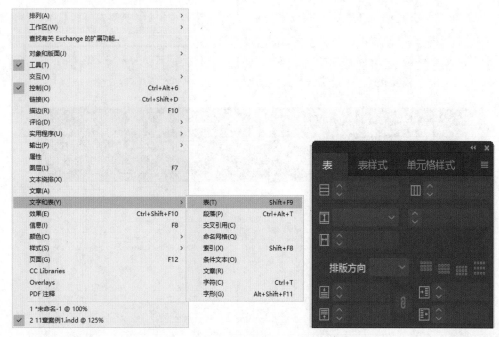

图 11-12

11.1.5　添加表头和表尾

选择"表→表选项→表设置"命令，如图 11-13 所示，系统弹出"表选项"对话框。

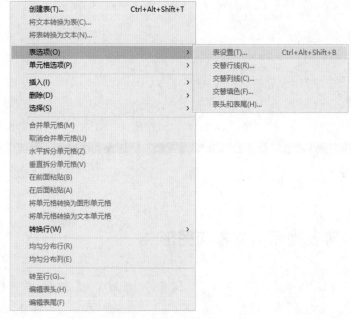

图 11-13

创建长表时，该表可能会跨多个栏、框架或页面。可以在创建表时添加表头行和表尾行，也以使用"表选项"对话框来添加表头行和表尾行并更改它们在表中的显示方式。可以将正文行转换为表头行或表尾行。

设置完成后单击"确定"按钮，如图 11-14 所示。

图 11-14

11.2　选择和编辑表格

在 InDesign 中，可以通过各种方式设置表格：菜单命令、右击快捷菜单、表格控制面板等。

11.2.1　选择和删除表格

1. 选择表格

利用"文字工具"选择表格的一部分或者整个表格。

选择的方法和文本的选取是一样的，可以在表格的左上角按住鼠标左键进行拖曳，直到整个表格或某些单元格呈选中状态（即反白状态）。

最简单的选中整个表格的方法是将光标放在表格的左上角，当光标变成倾斜的大黑箭头时单击，即可选中整个表格。对整个表格的修改将影响到选中单元格所在的表格。如果只想选择表格中的某列或某行，可以将光标放到将要选中列或行的前面，当光标变成粗黑色箭头时单击即可，如图 11-15 所示。

学期	时间	会议类型	研讨主题	参加人数	备注
2014—2015 第一学期	2014, 8, 27, 14:00	教研	新学期教学安排，迎新工作的分配	常主任、元老师、李老师、王老师、辅导员	
2014—2015 第一学期	2014, 9, 25, 14:00	教研	工作室项目化工作管理规范讨论、顶岗实习的落实及管理	常主任、元老师、李老师、王老师、辅导员	
2014—2015 第一学期	2014, 10, 29, 14:00	教研	期中教学反馈及各班级意见，项目化作品参赛规划	常主任、元老师、李老师、王老师、辅导员	
2014—2015 第一学期	2014, 11, 6, 14:00	教研	动画专业实训室俺去检查分工及落实情况	常主任、元老师、李老师、王老师、辅导员	
2014—2015 第一学期	2014, 11, 13, 14:00	教研	工作室管理意见反馈、教师互听课研讨	常主任、元老师、李老师、王老师、辅导员	

图 11-15

2．删除表格

选中表格，选择"表→删除→表"命令，如图 11-16 所示。

图 11-16

11.2.2　移动和复制表格

移动表格：使用工具栏中的"选择工具"，单击表格，进行移动。

复制表格：使用工具栏中的"选择工具"，单击表格，选择"编辑→复制→粘贴"命令。

11.2.3　更改表格等对齐方式

由于一个表格可以当成一段文字来处理，因此位置也可以通过"段落"面板来控制。

如果"段落"面板在当前视图中被关闭，可以选择"窗口→文字和表→段落"命令，或者按快捷键 Ctrl + M，弹出"段落"面板。在表格后面单击，然后按 Home 键，从而将光标移到表格前面，表格前面出现一个闪动光标，其高度与插入的表格相同，或者将光标定位到表格下面一行，然后按向上箭头键，也可以将光标移到表格的前面。

试着单击面板中的"右齐""居中"等按钮，可以看到表格与相应文本框的对齐情况。

11.2.4　将表格转换为文字

选中要转换为文字的表格，选择"表→将表转换为文本"命令，在弹出的对话框中单击"确定"按钮，则表格中的文字会按各单元格相对位置转换为文字。转换后文字的间隔是按 Tab 键及 Enter 键来实现的，如图 11-17、图 11-18 所示。

图 11-17

```
耗材预算：
序号   名称   单位   数量   单价   总价
1      原色植鞋革皮料 10 平方英尺        块     1     49.60  496.00
2      Super Sculpey Firm 美国土混合泥手办原型雕塑泥粘土 不同色 盒      3 0
95.00  2850.00
3      德国辉柏嘉 36 色三角点阵水溶彩铅      盒     2     350.00 700.00
4      德国辉柏嘉 24 色三角点阵水溶彩铅      盒     1     260.00 260.00
5      A3 活页素描本       本     7     30.69  214.83
6      温莎牛顿 24 色丙烯颜料套装     盒     3     36.50  109.50
7      日本樱花针管笔套装 005、01、03、05、08、BR 套    3     37.20  111.60
8      SAUNDERS 水彩四面封胶纸（310*230mm）300 克    本     5       2 2 0 . 0 0
9      美国 Daniel Smith DS 大师级超细致水彩颜料珠光色 15ml 2 级  支      2 4
60.00  1440.00
10     金属雕刻刀美国土石粉黏土手办 bjd 造型工具    套     5     98.00  490.00
合计   7771.93
```

图 11-18

11.2.5　表格的描边和填色

选中表，选择"表→表选项→交替行线 / 交替列线 / 交替填色"命令，如图 11-19 所示。

图 11-19

11.2.6　更改表边框

选中表，选择"表→表选项"命令，在"表选项"对话框的"表外框"选项组中进行设置。"表外框"选项组用于指定表格四周边框的宽度和颜色，如图 11-20 所示。

图 11-20

11.2.7　设置交替描边效果

选中表，选择"表→表选项→交替行线／交替列线"命令，在"表选项"对话框的"交替"选项组中进行设置，如图 11-21 所示。

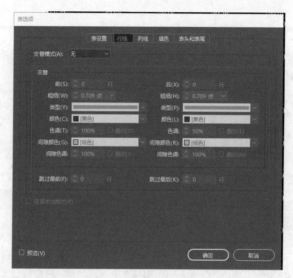

图 11-21

如果要将表格中的行线设置成双线，可以通过"行线"选项卡来设置。在"行线"选项卡中可以设置行间隔线的状态，如多少行间隔一次，间隔线起始行、终止行、间隔线的颜色、厚度类型等。例如将"后"设置为 1 行，"粗细"设置为 0.5 点，"类型"设置为"细细"，颜色设置为"黑色"，如图 11-22 所示。

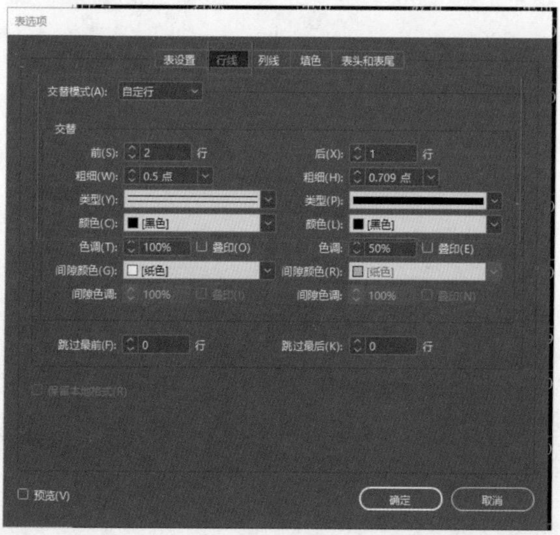

图 11-22

11.2.8　关闭交替描边和交替填色

选中表，选择"表→表选项→交替行线 / 交替列线"命令，在"表选项"对话框的"交替"选项组中进行设置，如图 11-23 所示。

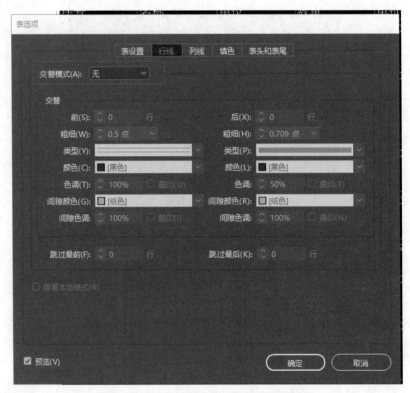

图 11-23

11.3　单元格的设置

一个单元格相当于一个文本框，用户可以单独设置自己的格式，如边框、填色、文字与边框的间距、文本格式、文本的水平和垂直位置等。

11.3.1　选择单元格

对单元格进行设置，首先要选中单元格。前面介绍了利用"文字工具"选中表格全部或部分单元格的方法，也可以通过下面的方法来选中要改变的单元格。

　　方法 1：将光标放在表格某一行的最左侧，或某一列的最上方，当光标变成黑色箭头时单击，则该行或该列被选中。当出现黑箭头时，如果按住鼠标左键拖拉，则鼠标经过的行或列被选中。

　　方法 2：将光标放在表格某单元格中，拖动鼠标到另一单元格，则鼠标拖过的所有单元格都将被选中。

　　方法 3：选择"表→选择"子菜单下的"单元格"、"行"、"列"、"表"、"表头行"、"正文行"和"表尾行"7 个选项中的任意一个，如图 11-24 所示。分别用于选取光标所在的单元格、行、列或整个表格。

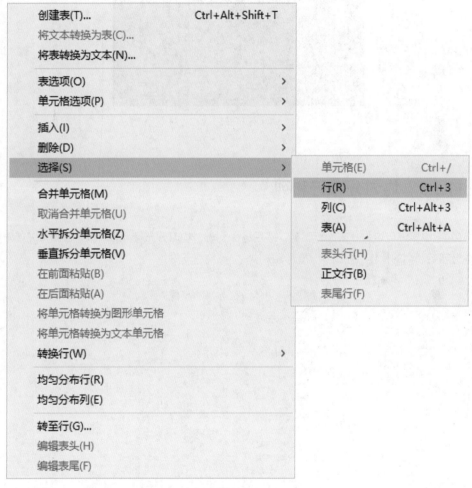

图 11-24

11.3.2　更改表格的行高和列宽

单击"单元格选项"对话框中的"行和列"选项卡，可对行高和列宽进行设置，如图 11-25 所示。

图 11-25

11.3.3　均匀分布行和列

首先选中要进行均匀分布的行和列。然后选择"表→均匀分布行 / 列"命令，即可完成对所选行均匀分布行和列的操作，如图 11-26 所示。

图 11-26

11.3.4　插入行和列

选择"表→插入"命令，可以为表格添加更多的行和列，如图 11-27 所示。

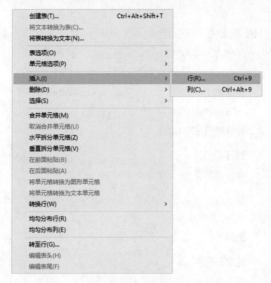

图 11-27

11.3.5　合并单元格

首先选中要进行合并的单元格。然后选择"表→合并单元格"命令，即可完成对所选单元格的合并操作，如图 11-28 所示。

图 11-28

11.3.6　拆分单元格

首先选中要进行拆分的单元格。然后选择"表→水平拆分单元格 / 垂直拆分单元格"命令，即可完成对所选单元格的拆分操作，如图 11-29 所示。

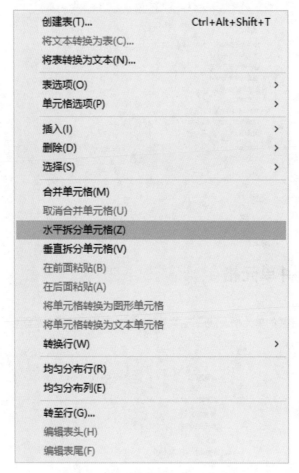

图 11-29

11.3.7　向单元格添加对角线

单击"单元格选项"对话框中的"对角线"选项卡，可以为表格设置对角线，如图 11-30 所示。

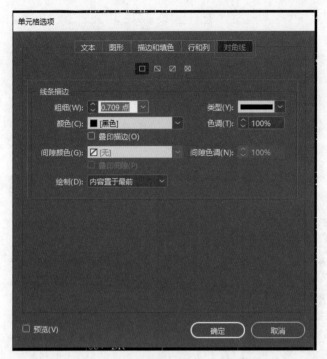

图 11-30

11.4　实战案例：培训中心课程手册内页设计

　　下面通过一个实际的设计案例来巩固本章所学的内容。首先，拿到了一份已经设计完右版面的宣传手册内页，如图 11-31 所示。

图 11-31

下方灰色的学校英文名称是在主页上已经设置好的，因此无须在每个内页都进行输入（具体方法见第 13 章）。

【执行操作】

（1）根据客户需要，左页要放入一个介绍学校专业设置的表格。按照 Word 文档内容选择 "表→创建表" 命令，并且输入 "行" 与 "列" 的数量，即得到一个初始的表格，如图 11-32 ~ 图 11-34 所示。

图 11-32

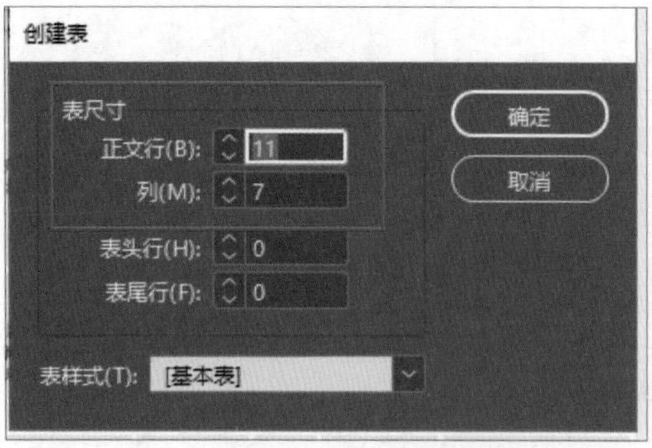

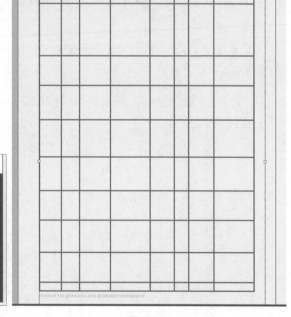

图 11-33

图 11-34

（2）根据表格的内容需求将部分表格进行合并。使用文字工具 T 选中要合并的单元格后，选择 "表→合并单元格" 命令，如图 11-35、图 11-36 所示。

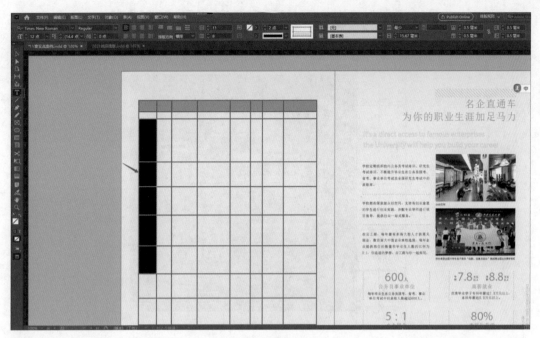

图 11-35

图 11-36

（3）使用"文字工具"将第 1 行选中，选择"表→单元格选项→描边和填色"命令给表格填充一个底色，第 3 行至 10 行也使用同样的方法进行填色，如图 11-37、图 11-38 所示。

图 11-37

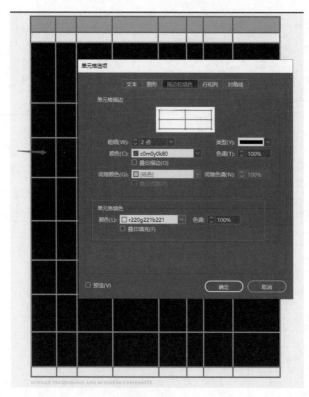

图 11-38

（4）得到一个如图 11-39 所示的表格，用"文字工具"输入表头内容，如图 11-40 所示。

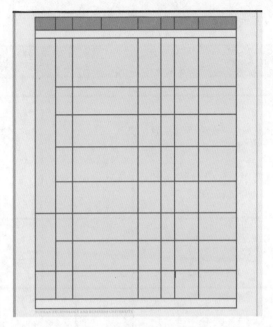

图 11-39

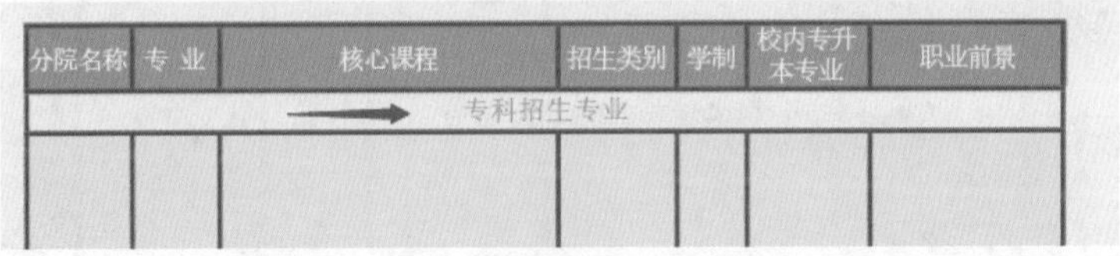

分院名称	专业	核心课程	招生类别	学制	校内专升本专业	职业前景
		专科招生专业				

图 11-40

注意

使用文字工具"属性"面板中的文字颜色按钮来设置不同的文字颜色，如图 11-41 所示。

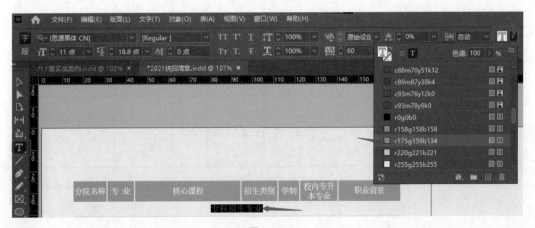

图 11-41

（5）继续使用"文字工具"将下方的文字置入表格内，如图 11-42 所示。

分院名称	专业	核心课程	招生类别	学制	校内专升本专业	职业前景
		专科招生专业				
智能科学与工程学院	信息安全技术应用	C语言程序设计、数据结构、Windows应用服务器配置与安全管理、Linux网络操作系统、WEB安全、渗透测试、网络安全与管理、数据恢复技术、网络攻击与防御、代码审计、恶意软件分析、等级保护、数据库技术、局域网组建与维护。	文、理、三校	三年	计算机科学与技术/软件工程	与360共建360网络安全学院，面向企事业单位、360生态安全企业从事网络安全管理、服务器配置与维护、系统漏洞修复与病毒防御、信息数据的安全维护、安全产品的销售及售后服务等技术应用性工作的高素质技能型专门人才。
	汽车制造与试验技术	汽车电工电子技术、发动机构造与维修技术、底盘构造与维修技术、汽车维护与检测技术、汽车制造装配技术、汽车保险与理赔、汽车维修企业管理。	文、理、三校	三年	机械设计制造及其自动化/车辆工程	就业面向汽车制造企业工艺工程师、产品管理工程师、试验工程师、质量工程师等高端岗位；或面向汽车市场服务相关岗位。
	新能源汽车技术	新能源汽车电力电子技术、新能源汽车电池及维护、新能源汽车综合故障诊断、新能源汽车制造技术、汽车服务业管理。	文、理、三校	三年	车辆工程	
	电气自动化技术	电工基础、单片机应用技术、PLC控制系统设计安装与调试、过程控制系统安装与检修、DCS控制系统安调与检修、工厂配电系统检修。	文、理、三校	三年	电气工程及其自动化	
	机电一体化技术	电工电子技术、单片机原理及应用、电气控制技术及PLC、机电一体化技术、自动生产线安装与调试、机械设备维修工艺、机电设备维修技术。	文、理、三校	三年	机械电子工程/电气工程及其自动化	
教育学院	学前教育	学前教育学、学前心理学、学前卫生学、幼儿舞蹈与编排、幼儿歌曲与童谣、儿歌弹唱、幼儿美术、幼儿园环境创设、学前儿童教育活动设计。	文、理、三校	三年	学前教育	面向托幼机构、学前教育相关机构以及社区幼教机构，能够从事保教、研究和管理等方面工作的高素质技术技能人才。
	社会体育	学校体育学、健身指导与管理、体育产业与经营管理、运动技术专修（篮球、田径、跆拳道、空手道、足球、羽毛球等）	文、理	三年	体育教育	从事体育健身指导，体育赛事活动策划与组织、体育科学知识传播，体质监测与评价、学校体育与健康的教学、训练、竞赛等工作。
大健康学院	护 理	生理学、病理学、人体形态与功能、病原生物学与免疫学基础、护理伦理学、护理心理学、健康评估、药理学、护理学基础、急救护理学、内科护理学、外科护理学、妇儿科护理学、精神科护理学、预防医学、护理管理学等课程。	文、理、三校	三年	护理学	毕业后能在各级医疗、预防、保健机构从事临床护理、社区护理和健康保健等工作。

注：招生人数、专业以各省市招生考试院正式公布的信息为准

YUNNAN TECHNOLOGY AND BUSINESS UNIVERSITY

图 11-42

（6）为了与整个版面的设计色调统一，使用"文字工具"选中这个表格，选择"表→单元格选项"子菜单下的相应命令将表格边线色改为纸色，如图 11-43 ～图 11-45 所示。

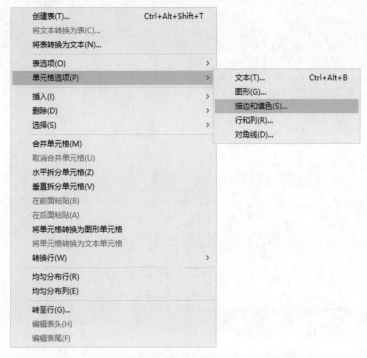

图 11-43

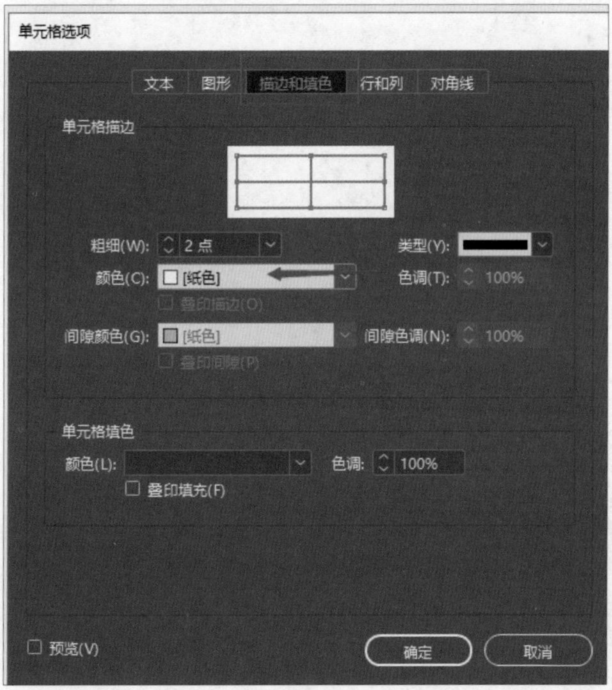

图 11-44

分院名称	专业	核心课程	招生类别	学制	校内专升本专业	职业前景
专科招生专业						
智能科学与工程学院	信息安全技术应用	C语言程序设计、数据结构、Windows应用服务器配置与安全管理、Linux网络操作系统、WEB安全、渗透测试、网络安全与管理、数据恢复技术、网络攻击与防御、代码审计、恶意软件分析、等级保护、数据库技术、局域网组建与维护。	文、理、三校	三年	计算机科学与技术/软件工程	与360共建360网络安全学院，面向企事业单位、360生态安全企业从事网络安全管理、服务器安全配置与维护、系统漏洞修复与病毒防御、信息数据的安全维护、安全产品的销售及售后服务等技术应用性工作的高素质技能型专门人才。
	汽车制造与试验技术	汽车电工电子技术、发动机构造与维修技术、底盘构造与维修技术、汽车维护及检测技术、汽车制造装配技术、汽车保险与理赔、汽车维修企业管理。	文、理、三校	三年	机械设计制造及其自动化/车辆工程	就业面向汽车制造企业工艺工程师、产品管理工程师、试验工程师、质量工程师等高端岗位；或面向汽车市场服务相关岗位。
	新能源汽车技术	新能源汽车电力电子技术、新能源汽车电池及维护、新能源汽车综合故障诊断、新能源汽车制造技术、汽车服务业管理。	文、理、三校	三年	车辆工程	
	电气自动化技术	电工基础、单片机应用技术、PLC控制系统设计安装与调试、过程控制系统安调与检修、DCS控制系统安调与检修、工厂配电系统检修。	文、理、三校	三年	电气工程及其自动化	
	机电一体化技术	电工电子技术、单片机原理及应用、电气控制技术及PLC、机电一体化技术、自动生产线安装与调试、机械设备维修工艺、机电设备维修技术。	文、理、三校	三年	机械电子工程/电气工程及其自动化	
教育学院	学前教育	学前教育学、学前心理学、学前卫生学、幼儿舞蹈与编排、幼儿歌曲与童谣、儿歌弹唱、幼儿美术、幼儿园环境创设、学前儿童教育活动设计。	文、理、三校	三年	学前教育	面向托幼机构、学前教育相关机构以及社区幼教机构，能够从事保教、研究和管理等方面工作的高素质技术技能人才。
	社会体育	学校体育学、健身指导与管理、体育产业与经营管理、运动技术专修（篮球、田径、跆拳道、空手道、足球、羽毛球等）	文、理	三年	体育教育	从事体育健身指导，体育赛事活动策划与组织、体育科学知识传播、体质监测与评价、学校体育与健康的教学、训练、竞赛等工作。
大健康学院	护理	生理学、病理学、人体形态与功能、病原生物学与免疫学基础、护理伦理学、护理心理学、健康评估、药理学、护理学基础、急救护理学、内科护理学、外科护理学、妇儿科护理学、精神科护理学、预防医学、护理管理学等课程。	文、理、三校	三年	护理学	毕业后能在各级医疗、预防、保健机构从事临床护理、社区护理和健康保健等工作。

* 注：招生人数、专业以各省市招生考试院正式公布的信息为准

YUNNAN TECHNOLOGY AND BUSINESS UNIVERSITY

图 11-45

（7）这样就完成了宣传内页的表格设计，最终的设计效果如图 11-46 所示。

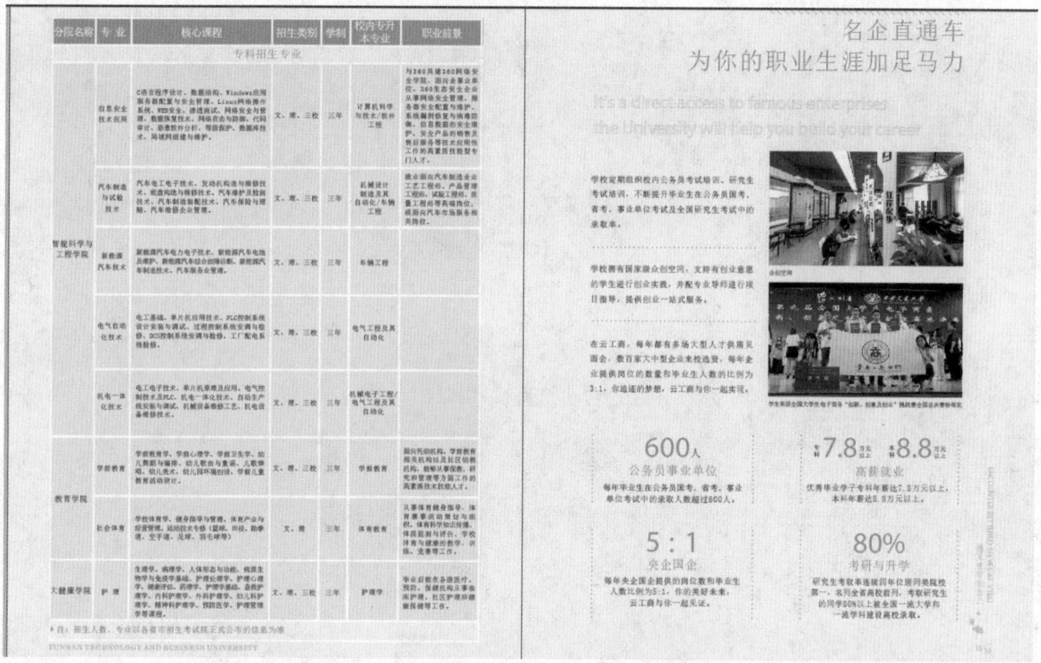

图 11-46

Id

第 12 章
图文排版

在页面排版中，将图像和文字混合排列时可以让文字围绕或填充图像周围，从而让版面看起来更加美观和生动，这个过程被称为文本绕排。该功能可以将文本绕排在任何对象周围，包括文本框架、导入的图像以及用户在 InDesign 中绘制的对象。

本章将结合文字编辑、导入图像、路径等应用来详细介绍文本沿框架绕排、沿对象绕排、上下绕排、下型绕排等操作，并进行杂志内容版式设计的训练。

12.1　沿框架绕排

对图像应用文本绕排时，InDesign 会在图像周围创建一个阻止文本进入的边界。文本所围绕的对象称为绕排对象。文本绕排也称为环绕文本。在页面中要进行文本绕排时，首先使用"选择工具" ▶ 或"直接选择工具" ▶，选择要在其周围绕排文本的对象，把打印好的文字内容放在一个大约合适的位置，如图 12-1 所示。然后打开界面右侧的"文本绕排"面板，如图 12-2 所示。单击"沿定界框绕排"按钮（在上方的属性栏里也有相应的设置按钮 ▣），如图 12-3 所示，这时就会产生文本自动沿图像外边缘排列的效果。但是会发现文本排布得过于紧密，没有空隙显得美感不足，所以需要设置图像与文字的间隙，增加设置面板里"上位移""下位移""左位移""右位移"的参数值（因为它们之间有小锁链 ▣ 关联，所以只要修改一个参数，其他参数都会同步变化），如图 12-4 所示。

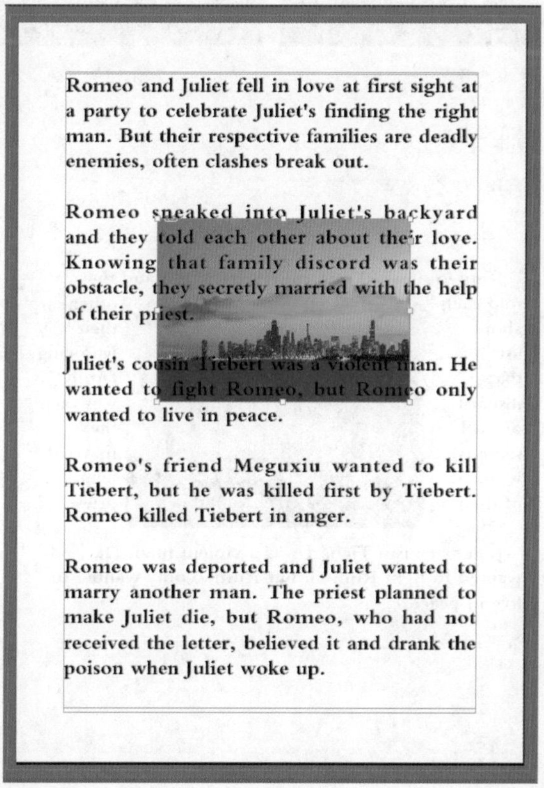

图 12-1

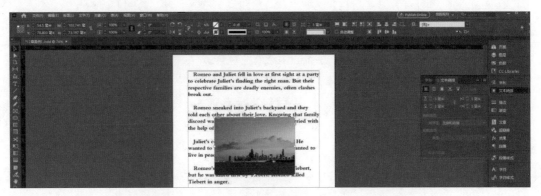

图 12-2

图 12-3　　　　　　　　　　　图 12-4

完成以上操作后，效果如图 12-5 所示。所有和图像框架重叠的文字都会避让开图像并围绕着图像排列，这就是沿框架绕排的文字绕排形式。

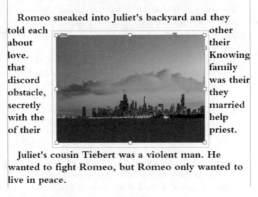

图 12-5

 注意

文本绕排仅应用于被绕排的对象，而不应用于文本自身。图像置入后被放置在框架内，当使用"选择工具"　拖住框架的边角缩放时，会发现只是框架缩放了，而置入的图像并未缩放，如图 12-6 所示。为了让外框架与图像内容同时缩放，可以在使用"选择工具"　的同时按住 Ctrl 键拖曳外框架（等比例缩放再加按 Shift 键）。

图 12-6

12.2　沿对象绕排

　　沿对象绕排也称为轮廓绕排，它创建与所选图像内容形状相同的文本绕排边界，这样的绕排会使版面更加生动而且有设计感。沿对象绕排有两种形式：一种是文字沿对象形状边缘的外部进行绕排；一种是文字沿对象形状边缘的内部绕排，也就是反向绕排。

12.2.1　检测 Alpha 通道和工作路径实现精准绕排

　　先来看文字沿对象形状边缘的外部进行绕排的操作方法。首先看一下最终效果，如图 12-7 所示。文字不再死板地沿一个矩形框架绕排，而是根据版面中图像的外边缘形状来绕排。

　　沿对象形状边缘绕排可以使用图像里目标物体的 Alpha 通道，也可以使用其工作路径来实现精准绕排。具体操作如下。

　　（1）在 Adobe Photoshop 中给图像里的目标物体建立一个 Alpha 通道或工作路径，在 Adobe Photoshop 中打开要置入 InDesign 进行绕排的图像，使用"快速选择工具"　将图像中需要绕排的图形全部选中后，图形外轮廓就会变成一个选区，如图 12-8 所示。

　　（2）在"通道"面板中单击"将选区存储为通道"按钮，如图 12-9 所示，这时需要的图形轮廓就保存为一个 Alpha 通道；在"路径"面板中单击"从选区生成工作路径"按钮，选择新生成的工作路径层，单击路径面板右上角的菜单按钮，在弹出的下拉菜单中选择"剪贴路径"命令，这时需要的图形轮廓就保存为一个剪贴路径，如图 12-10 所示。

Adobe InDesign is a desktop publishing (DTP) application of adobe, which is mainly used for typesetting and editing of various printed materials. The software was released directly against its competitor QuarkXPress. Although it initially faced some difficulties in gaining users, it began to catch up with its competitors after the release of Mac OS X in 2002. Now InDesign CS and CS2 are also an important part of the Creative Suite suite, bundled with Photoshop, illustrator and acrobat[1]

InDesign can export documents directly to Adobe's PDF format with multilingual support. It is also the first mainstream DTP application supporting Unicode text processing. It takes the lead in using new OpenType fonts, advanced transparency, layer styles, custom cutting and other functions. It is based on JavaScript features, linkage functions with brother software illustrator and Photoshop, and consistency of interface, which are favored by users.

InDesign, as the successor of PageMaker, is positioned as a high-end user. Adobe has stopped the development of PageMaker and turned to InDesign. It was originally mainly applicable to regular publications, posters and other print media. Some long documents still use FrameMaker (operating instructions, technical documents, etc.) or QuarkXPress (books, catalogues, etc.). With the merging of related databases, InDesign and adobe incopy, which use the same format engine, have become important software in newspapers, magazines and other publishing environments.

图 12-7

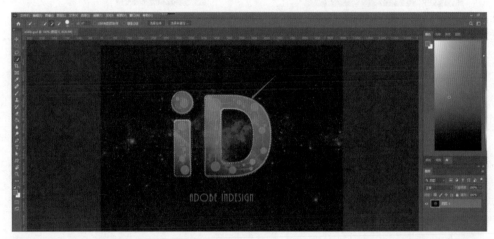

图 12-8

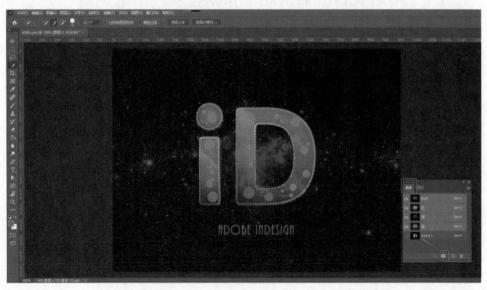

图 12-9

图 12-10

（3）保存文件后在 InDesign 中置入图像文件（按快捷键 Ctrl+D），在"置入"对话框中选中"显示导入选项"复选框，如图 12-11 所示。然后单击下方的"打开"按钮。

图 12-11

（4）系统弹出"图像导入选项"对话框，在"图像"选项卡的"Alpha 通道"下拉列表框中选择 Alpha1 选项，如图 12-12 所示。

（5）把目标图像放置到页面的合适位置，在保持图像被选中的情况下单击"文本绕排"选项卡中的"沿对象形状绕排"按钮■，同时在"轮廓选项"选项组中设置"类型"为"Alpha 通道"，设置 Alpha 为 Alpha1，并且根据版面的具体要求设置一个"上位移"参数，如图 12-13 所示。此时将得到图 12-7 所示的设计效果。

图 12-12   图 12-13

通过工作路径来实现文本绕排同样是在 InDesign 中置入图像，在"图像导入选项"对话框的"图像"选项卡中选中"应用 Photoshop 剪切路径"复选框，如图 12-14 所示。

图 12-14

导入目标图像放置到页面的合适位置，在保持图像被选中的情况下单击"文本绕排"面板中的"沿对象形状绕排"按钮，同时在"轮廓选项"选项组中设置"类型"为"Photoshop 路径"、"路径"为"路径 1"，即可实现沿工作路径的精准绕排效果。和使用 Alpha 通道绕排的最终效果略有不同的是，这种绕排方式在目标图形中空的情况下，文字会填充图形的中空部分，如图 12-15所示。使用 Alpha 通道绕排时，选中面板最下方的"包含内边缘"复选框也可以达到同样的效果。

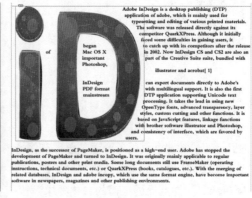

图 12-15

12.2.2　反向绕排

与使用 Alpha 通道和工作路径实现精准绕排的操作类似，将文字填充到对象图形的内部称为反向绕排。具体操作设置如下。

选择需要绕排的对象图形（在图层面板中保证该图形在文字内容的下层），如图 12-16 所示。在"文本绕排"选项卡中单击"沿对象形状绕排"按钮并选中后方的"反转"复选框，即可得到文字反向绕排的效果，如图 12-17 所示。

图 12-16

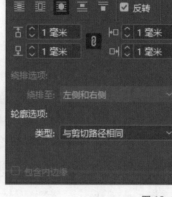

图 12-17

注意

可以对比文本沿框架绕排与沿对象绕排的不同效果，如图 12-18、图 12-19 所示。

图 12-18

图 12-19

12.3 上下绕排

在文本绕排里还可以进行上下绕排设计，使文本不会出现在框架左侧或右侧的任何可用空间中。

首先同样置入一张图像或者带有 Alpha 通道和工作路径的图形，放到页面中合适的位置，利用"文字工具" 输入文本或复制粘贴入需要的文本内容，如图 12-20 所示。选中图形或图像后打开"文本绕排"面板，单击"上下型绕排"按钮 后即可得到相应的绕排效果，如图 12-21 所示。

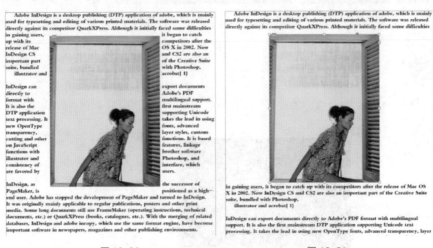

图 12-20   图 12-21

12.4 下型绕排

所谓的下型绕排就是强制图形或图像周围的文本段落显示在下一栏或下一文本框架的顶部。

首先,同样置入一张图像或者带有Alpha通道和工作路径的图形,放到页面中合适的位置,利用"文字工具" T 输入文本或复制粘贴入需要的文本内容,如图 12-22 所示。选中图形或图像后打开"文本绕排"面板,单击"下型绕排"按钮 █,发现文本内容在绕排图像后有很多内容都"不见了",文本框的右下角出现了一个符号 ⊞。前面介绍过,这个符号意味着文本内容在文本框内没有完整显示。接下来使用"选择工具" ▶ 单击红色加号 ⊞,在下一页的页面顶端再次单击即可得到下型绕排效果,如图 12-23 所示。

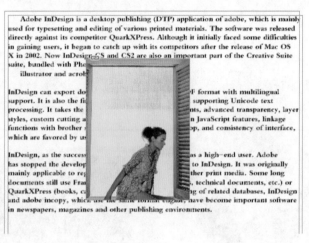

图 12-22

图 12-23

12.5 杂志内页版式设计实战训练

在设计一份真正的杂志内页时，应该考虑具体的杂志内容、整体美术风格、变化与趣味性、排版规范等方面。

1．实战案例 1

下面通过一份介绍威廉·莎士比亚（英国文艺复兴时期著名的剧作家、诗人）及其主要作品的杂志内页图文排版设计来进行实战训练。

最终的设计效果如图 12-24 所示。

图 12-24

【执行操作】

（1）在 Photoshop 中打开要使用的图像素材，使用"快速选择"工具 选出需要的图形区域。图 12-25 所示为书本的页面部分，图 12-26 所示为插画中的主要角色外轮廓。

图 12-25

图 12-26

（2）在 Photoshop "窗口" 菜单中打开 "路径" 面板，如图 12-27 所示。

图 12-27

单击"从选区生成工作路径"按钮，通过选区获得一个路径，为之后的文本照片做好形状准备，如图 12-28 所示。将插画角色选区转换为路径的方法与此相同。获得两幅资料图片的路径后，分别将其保存为 PSD 格式文件。

图 12-28

（3）打开 InDesign 新建一个杂志文档，如图 12-29 所示。

图 12-29

双击"页面"面板中的主页页面，对主页进行编辑，用"文本工具"在主页左右页脚处各拖拉一个文本框，如图 12-30 所示。

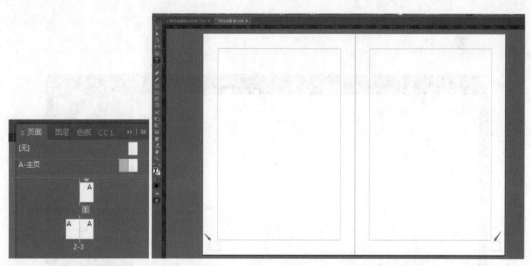

图 12-30

选择"文字→插入特殊字符→标识符→当前页码"命令，如图 12-31 所示。

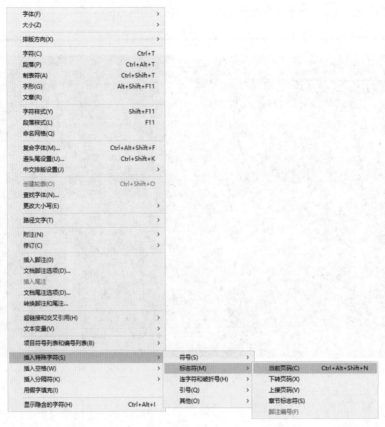

图 12-31

　　双击"页面"面板中的第 2、3 页面，返回当前页面后发现左右页脚都自动生成了对应的页码，如图 12-32 所示。

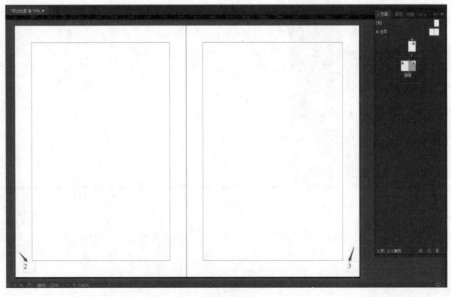

图 12-32

　　由于要设计的内容是连续的两个页面，也就是对开页，所以选择第 2、3 页来放置设计内容。左页面用于放置莎士比亚的简介，右页面用于展示《罗密欧与朱丽叶》的简介。

　　（4）选择"文件→置入"命令，把准备好的文字与图像分别放入左右页面的合适位置并加以适当的缩放，如图 12-33 所示。

图 12-33

注意

　　目前置入的图像是保存有剪贴路径的文件，在"导入选项"面板中不需要选中"应用 Photoshop 剪切路径"复选框，如图 12-34 所示。

图 12-34

（5）选择左页带有书本和羽毛笔的图像放到文本图层下方，打开"文本绕排"面板，单击"沿对象形状绕排"按钮，选中"反转"复选框，"上位移"设置为1毫米。在"轮廓选项"选项组的"类型"下拉列表框中选择"Photoshop 路径"选项，在"路径"下拉列表框中选择"路径1"选项。这时文本完全融入图像的书本页面中，这样的设计会产生一定的阅读趣味性，如图12-35所示。为了更加契合图像中书本的页面方向，使用"选择工具" 旋转文本框与书本页面方向一致，如图12-36所示。

图 12-35   图 12-36

（6）选择右页图像放到文本图层下方，打开"文本绕排"面板，单击"沿对象形状绕排"按钮，设置"上位移"为1毫米。在"轮廓选项"选项组中设置"类型"为"Photoshop 路径"，"路径"为"路径1"。这时文本会绕排到图像中拥抱在一起的情侣图形外围，和左页产生一个相反的阅读感受，如图12-37所示。这样最终图文绕排设计稿就完成了，如图12-24所示。

图 12-37

2. 实战案例 2

本案例是一份教育类期刊的内页，设计任务是完成一个单页的版面设计并完成图文绕排。

【执行操作】

（1）打开 InDesign 新建一个内页文档，取消选中"对页"复选框，"页面"设置为 1，如图 12-38 所示。

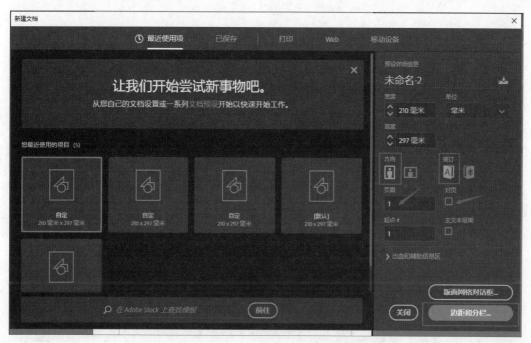

图 12-38

单击"边距和分栏"按钮，弹出"新建边距和分栏"对话框。由于设计的内页居于整本期刊的右页，所以要给页面左侧多预留一些空间以便于装订，在"上""下""右"文本框中设置边距为 15 毫米，在"左"文本框中设置边距为 20 毫米，如图 12-39 所示。

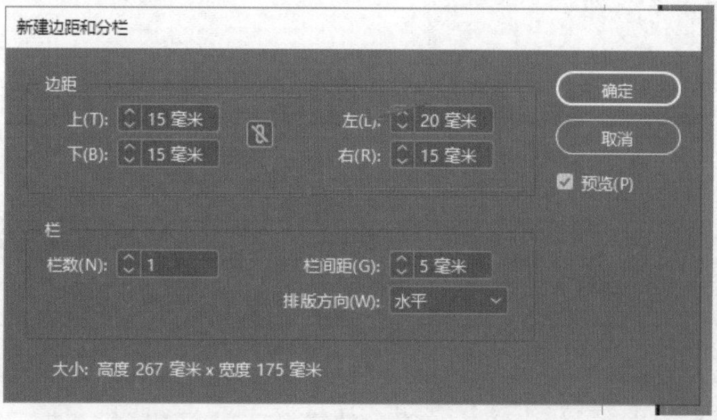

图 12-39

（2）使用"文字工具"在页面框架内拖曳一个文本框。通过"文件→置入"命令选择要使用的文本文件，将页面使用的文字内容放入文本框内，如图 12-40 所示。

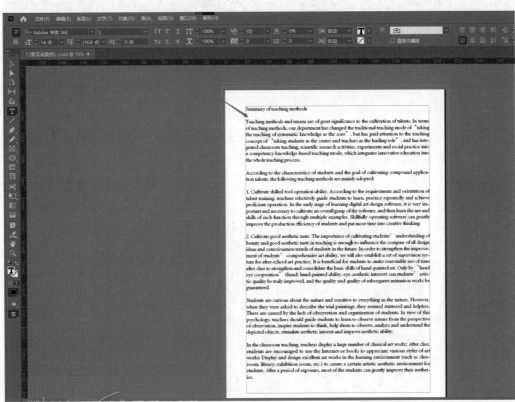

图 12-40

（3）再次选择"文件→置入"命令，置入需要的照片文件，如图 12-41 所示。

图 12-41

> **注 意**

要选中"显示导入选项"复选框，需要在"图像"面板中选中"应用 Photoshop 剪切路径"复选框，如图 12-42 所示。图像的剪切路径制作方法见实战案例 1。

图 12-42

把照片图像放到页面的合适位置，如图 12-43 所示。

图 12-43

（4）在"图层"面板中把照片图像放到文字下方并选中，在"文本绕排"面板中单击"沿对象形状绕排"按钮，设置"上位移"为 2 毫米，在"轮廓选项"选项组中设置"类型"为"与剪切路径相同"，即可得到本页面初步的文本绕排效果，如图 12-44 所示。

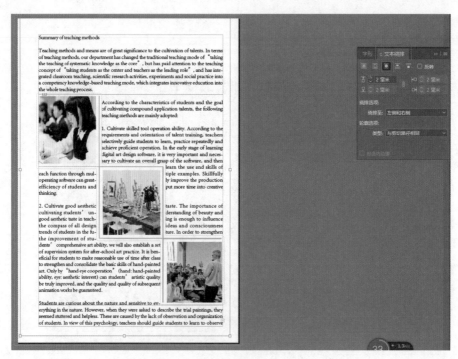

图 12-44

（5）使用和照片图像相同的方法置入两个 UI 图标，如图 12-45 所示。放到页面中 3 张照片图像的对角处，如图 12-46 所示。这时 UI 图标已经自动进行文本绕排，为了规范统一文字与图像的间距，同样在"文本绕排"面板中设置 2 毫米间距，如图 12-47 所示。另一个 UI 图标也进行同样的设置，如图 12-48 所示。

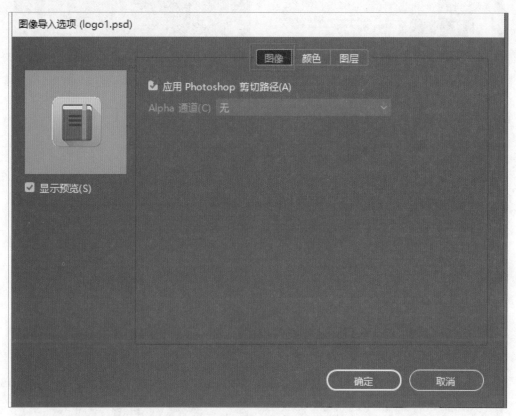

图 12-45

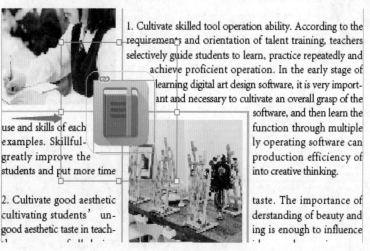

图 12-46

Summary of teaching methods

Teaching methods and means are of great significance to the cultivation of talents. In terms of teaching methods, our department has changed the traditional teaching mode of "taking the teaching of systematic knowledge as the core", but has paid attention to the teaching concept of "taking students as the center and teachers as the leading role", and has integrated classroom teaching, scientific research activities, experiments and social practice into a competency knowledge-based teaching mode, which integrates innovative education into the whole teaching process.

According to the characteristics of students and the goal of cultivating compound application talents, the following teaching methods are mainly adopted:

1. Cultivate skilled tool operation ability. According to the requirements and orientation of talent training, teachers selectively guide students to learn, practice repeatedly and achieve proficient operation. In the early stage of learning digital art design software, it is very important and necessary to cultivate an overall grasp of the software, and then learn the use and through multiple examples. software can greatly im- efficiency of students and thinking.

skills of each function Skillfully operating prove the production put more time into creative

taste. The importance of derstanding of beauty and ing is enough to influence ideas and consciousness ture. In order to strengthen

2. Cultivate good aesthetic cultivating students' un- good aesthetic taste in teach- the compass of all design trends of students in the fu- the improvement of stu- dents' comprehensive art ability, we will also establish a set of supervision system for after-school art practice. It is beneficial for students to make reasonable use of time after class to strengthen and consolidate the basic skills of hand-painted art. Only by "hand eye cooperation" (hand: hand-painted ability, eye: aesthetic interest) can students' artistic quality be truly improved, and the quality and quality of subsequent animation works be guaranteed.

Students are curious about the nature and sensitive to everything in the nature. However, when they were asked to describe the trial paintings, they seemed stuttered and helpless. These are caused by the lack of observation and organization of students. In view of this psychology, teachers should guide students to learn to observe

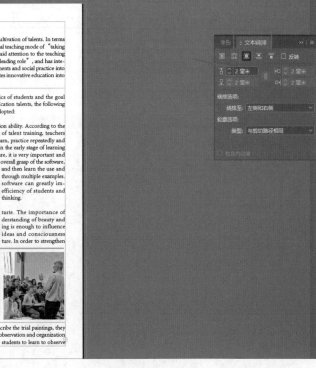

图 12-47

Summary of teaching methods

Teaching methods and means are of great significance to the cultivation of talents. In terms of teaching methods, our department has changed the traditional teaching mode of "taking the teaching of systematic knowledge as the core", but has paid attention to the teaching concept of "taking students as the center and teachers as the leading role", and has integrated classroom teaching, scientific research activities, experiments and social practice into a competency knowledge-based teaching mode, which integrates innovative education into the whole teaching process.

According to the characteristics of students and the goal of cultivating compound application talents, the following teaching methods are mainly adopted:

1. Cultivate skilled tool operation ability. According to the requirements and orientation of talent training, teachers se- lectively guide students to learn, practice repeatedly and achieve proficient operation. In the early stage of learning digital art design software, it is very important and nec- essary to cultivate an overall grasp of the software, and then learn the use and skills through multiple examples. software can greatly im- ciency of students and put thinking.

of each function Skillfully operating prove the production effi- more time into creative

2. Cultivate good aesthetic cultivating students' un- good aesthetic taste in teach- the compass of all design ness trends of students in strengthen the improvement

taste. The importance of derstanding of beauty and ing is enough to influence ideas and conscious- the future. In order to

of students' comprehensive art ability, we will also establish a set of supervision system for after-school art practice. It is beneficial for students to make rea- sonable use of time after class to strengthen and consolidate the basic skills of hand-painted art. Only by "hand eye co- operation" (hand: hand-painted ability, eye: aesthetic inter- est) can students' artistic quality be truly improved, and the quality and quality of subsequent animation works be guar- anteed.

Students are curious about the nature and sensitive to everything in the nature. However, when they were asked to describe the trial paintings, they seemed stuttered and helpless. These are caused by the lack of observation and organization of students. In view of this

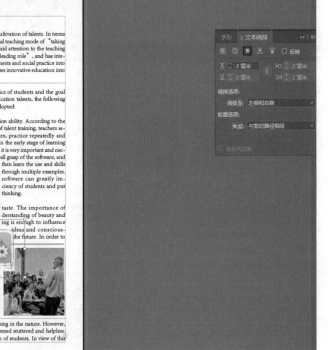

图 12-48

（6）接下来对文本进行一些多样化设计，使其看起来更活跃，内容更明晰。使用"文字工具"选中文章的标题，在上方属性栏进行字体、字号、字距、颜色的设置，如图 12-49 所示。

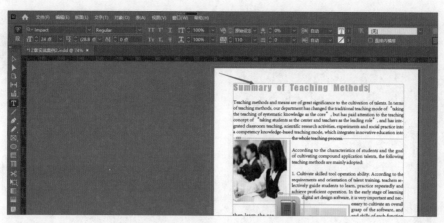

图 12-49

使用"直线工具"在文章标题下方绘制一条 3 点粗的黑色装饰线，如图 12-50 所示。

图 12-50

（7）为了增加页面的观赏性，我们再增加一些小的变化和细节。使用"矩形工具"在页面左下方绘制一个黑色矩形，如图 12-51 所示。

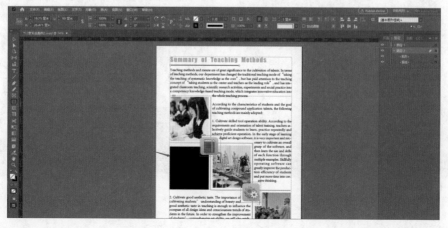

图 12-51

使用"文字工具"选中文章中的一段过渡文字并进行剪切（Ctrl+X），新拖曳一个文本框把文字粘贴进去，如图 12-52 所示。

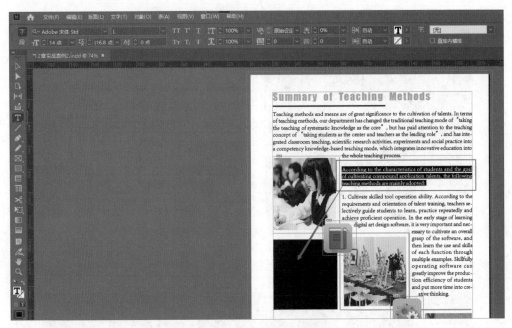

图 12-52

为了能够更好地改变文字的颜色，可以先把文本框放到页面之外的工作区并把文字颜色改为白色，如图 12-53 所示。

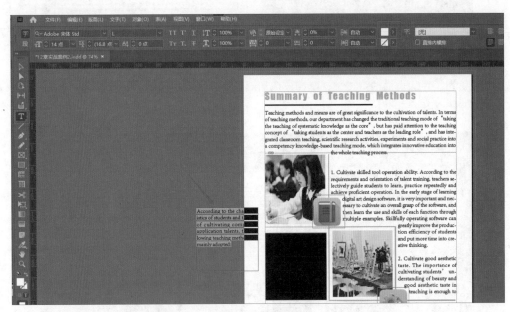

图 12-53

把修改颜色后的文本框放入黑色矩形内，如图 12-54 所示。

图 12-54

黑色矩形不要设置文本绕排，只给白色文字文本框设置文本绕排，间距同样设置为 2 毫米。

（8）使用"文字工具"把两个段落的小标题选中，设置不同的字体、字号，使文章的结构看起来更加醒目，如图 12-55 所示。

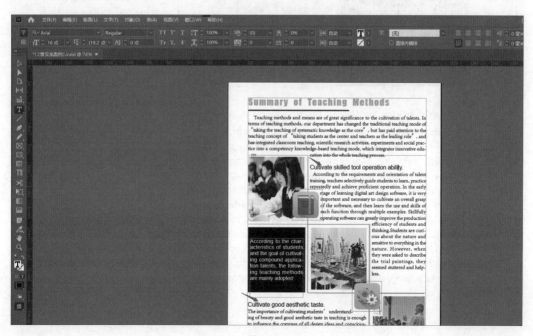

图 12-55

最终的页面排版设计成果就完成了，如图 12-56 所示。

Summary of Teaching Methods

Teaching methods and means are of great significance to the cultivation of talents. In terms of teaching methods, our department has changed the traditional teaching mode of "taking the teaching of systematic knowledge as the core", but has paid attention to the teaching concept of "taking students as the center and teachers as the leading role", and has integrated classroom teaching, scientific research activities, experiments and social practice into a competency knowledge-based teaching mode, which integrates innovative education into the whole teaching process.

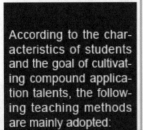

Cultivate skilled tool operation ability.

According to the requirements and orientation of talent training, teachers selectively guide students to learn, practice repeatedly and achieve proficient operation. In the early stage of learning digital art design software, it is very important and necessary to cultivate an overall grasp of the software, and then learn the use and skills of each function through multiple examples. Skillfully operating software can greatly improve the production efficiency of students and thinking.Students are curious about the nature and sensitive to everything in the nature. However, when they were asked to describe the trial paintings, they seemed stuttered and helpless.

According to the characteristics of students and the goal of cultivating compound application talents, the following teaching methods are mainly adopted:

Cultivate good aesthetic taste.

The importance of cultivating students understanding of beauty and good aesthetic taste in teaching is enough to influence the compass of all design ideas and consciousness trends of students in the future. In order to strengthen the improvement of students' comprehensive art ability, we will also establish a set of supervision system for after-school art practice. It is beneficial for students to make reasonable use of time after class to strengthen and consolidate the basic skills of hand-painted art. Only by "hand eye cooperation" (hand: hand-painted ability, eye: aesthetic interest) can students' artistic quality be truly improved, and the quality and quality of subsequent animation works be guaranteed.students. In view of this psychology,

图 12-56

第 13 章

主页的编辑和应用

主页是页面的幕后管理机构。主页里规定的，下面各页都必须遵照执行，即由主页统一"指挥"（允许下面各页根据具体情况，适当更改）；主页里没规定的，各页可以自由发挥。

本章介绍 InDesign 中主页的定义、作用和操作等知识。

13.1　主页的定义与作用

主页又称主版页面或主控页。如果要构造的出版物中许多页面有共同的格式，如相同页眉和页脚、每页相同位置有相同的装饰等，就可以使用主页功能。InDesign 提供了创建主页的功能，其中包含页面中所有重复的元素。

主页只是一种共同的页面设计格式，每个出版物可以有一个以上的主页，数量是不受限制的。

打开的每个出版物中都包括一个"页面主页"或"页面主页对开页"，通常操作的主页为一个"页面主页对开页"。只要在新建文件时，在"页面设置"对话框中选中"对页"复选框，文档主页就是对开页；否则就是单页，出版物包含的就是一页"页面主页"。

新建或打开一个文件后，打开"页面"面板，会发现在面板上面显示文档中所用到的主页，其中"无"是指不应用主页，如图 13-1 所示，用户也可以根据需要自己创建附加的主页。

多主页能使出版物形式多样，灵活方便，在主页页面上可以创建、修改、删除对象。除了预设的文档主页，也可以创建新的主页，还可以在已有主页的基础上修改。如果有几个主页页面，它们有一些共同的属性，如页码的位置、体例等，则可以根据文档主页修改主页，这比重新设计快得多。

图 13-1

13.2　利用主页为书籍的不同章节创建统一背景模板

创建主页页面后，只有把它们用于分页页面才会产生作用，同时不会因为使用了新的主页页面而影响原来页面上的对象。

从"页面"面板菜单中选择"将主页应用于页面"命令，弹出"应用主页"对话框，如图 13-2 所示。

图 13-2

在"应用主页"下拉列表框中选择要应用主页的名称。在"于页面"中输入要应用此主页的页数，如 1 ～ 4、8 ～ 13 等，即可将主页应用于输入的页面。也可以向对页中的单、双页应用不同的主页。

如果使用的主页页面与原来页面的边空和分栏不同，可应用"版面调整"功能，以便重排文本和移动图形对象，使它们位于合适的位置。

另外，更改页面时在页面中选择要更改的页面，在按住 Alt 键的同时，在"页面"面板中分别单击不同主页的左、右小页面即可。

也可以通过面板直接操作，选中要应用的主页，按住鼠标拖曳主页到某一页或某一对页，当有一个黑长方形围绕在主页的周围时，释放鼠标，即可将主页应用到页面，如图 13-3 所示。

图 13-3

13.3　利用主页为书籍的不同章节创建页眉和页脚

可以完全新建主页，也可以在现有主页或出版物的基础上进行修改。修改往往可以节省时间，例如在一本书的主页中设置页眉、图像及页码，则每一章都会以主页为基础进行修改，操作时只修改每一章的章名即可。

关于主页的相关操作可以通过"页面"面板调整，通常在 InDesign 的窗口中会显示"页面"面板，如果没有，可选择"窗口→页面"命令。

在默认状态下，主页控制在"页面"面板的上部，下部为文档页面控制。

单击面板右上角的菜单按钮，在弹出的下拉菜单中选择"新建主页"命令，打开"新建主页"对话框，如图 13-4 所示。

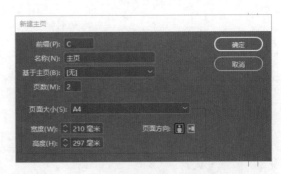

图 13-4

- 前缀：可输入便于辨认应用了各主页的页面标志。最多可输入 4 个字符。
- 名称：输入新主页名，如"第一章"主页页面。
- 基于主页：可为新建的主页选择一个基础主页，新建的主页包括基础主页中的所有内容。需要说明的是，如果基础主页上的内容发生了变化，则应用了此基础主页的主页内容也会发生变化。
- 页数：输入主页的页数，是指主页所包含的页数，最多为 11 页。

在"页面"面板中按住 Ctrl 键的同时，单击底部的小页面按钮，可以直接按默认设置新增主页，也可以在以后编辑其选项。

13.4 如何使个别页面摆脱主页的控制

将主页应用于文档页面时，主页上的所有对象（称为主页项目）都将显示在文档页面上。有时，可能需要让某个特定的页面与主页略微不同，无须在该页面上重新创建主页版面或创建新的主页，可以覆盖或分离主页项目，而文档页面上的其他主页项目将继续随主页更新。

1．覆盖主页项目属性

覆盖某一主页项目会将它的一个副本放到文档页面上，而不会断开其与主页的关联。在项目本身被覆盖后，可以有选择地覆盖项目的一个或多个属性，以对其进行自定义。在"页面"面板中单击右上角的菜单按钮，在弹出的下拉菜单中选择"覆盖所有主页项目"命令，即可对当前页面中主页里固有的对象进行删减或变更，如图 13-5 所示。

可以覆盖的主页对象属性包括描边、填色、框架的内容和任何变换（如旋转、缩放、切变或调整大小）、角点选项、文本框架选项锁定状态、透明度和对象效果等。

图 13-5

2．从项目的主页中分离项目

在文档页面上，可以将主页项目从其主页中分离（取消关联）。将其分离之前，必须在文档页面中覆盖该项目，并创建一个本地副本。分离后的项目不会随主页更新，因为其主页的关联已经被断开。

13.5 利用主页创建自动页码

对于一本图书而言，页码是相当重要的，在以后的目录编排中也会用到页码。下面介绍如何在出版物中添加和管理页码。

　　在页面上添加页码，可以在普通页面上添加，也可以在主页页面上添加。但是分别在每个页面上添加非常烦琐，而且不统一，要保证一本书页码的体例统一，最好的办法就是在主页页面上添加页码标志，再将主页应用到页面中。操作时首先切换到主页页面编辑状态，在工具栏中选择"文本工具"，光标变为文本光标，然后把光标移动到需要添加页码的地方，如在单页面的右下方拖拉出一个文本框。接下来选择"文字"→"插入特殊字符"→"标志符"→"当前页码"命令，文档主页上出现 A 的标记，如图 13-6、图 13-7 所示。

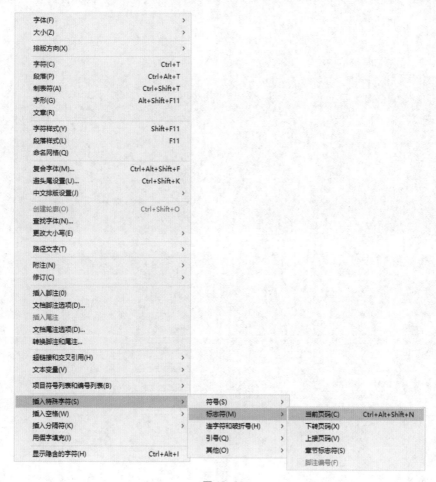

图 13-6

图 13-7

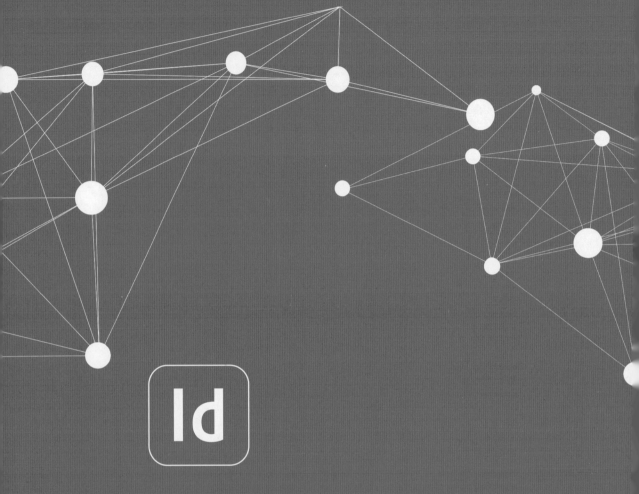

Id

第 14 章
书籍的打印与发布

14.1　创建书籍

在 InDesign 中，书籍文件是一个可以共享样式、色板、主页及其他项目的文档集。用户可以按照顺序给书籍的文档页面进行编号，打印书籍中选定的文档或者将其导出为 PDF 文件。一个文档可以属于多个书籍文件。

14.1.1　创建书籍文件

创建书籍文件首先选择"文件→新建→书籍"命令，在弹出的"新建书籍"对话框中，为该书籍命名，指定存储位置，单击"存储"按钮，如图 14-1 所示。同时系统将会弹出"书籍"面板，存储的书籍文件扩展名为 .indb。

单击"添加文档"按钮，可以向书籍文件添加文档作为书籍中的一个章节，如图 14-2 所示。

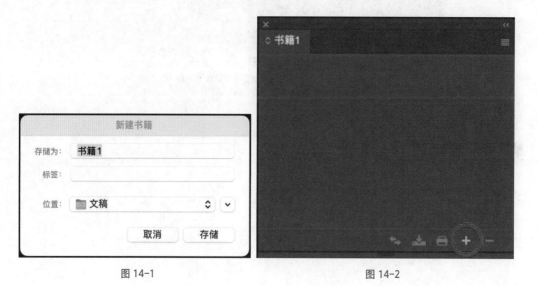

图 14-1　　　　　　　　　　　　　　　　　　　　图 14-2

14.1.2　保存书籍文件

单击"存储书籍"按钮后，InDesign 会存储对书籍的编辑和更改。如果要使用新的名称存储书籍，可以在"书籍"面板菜单中选择"将书籍存储为"命令，在弹出的对话框中设置存储位置和文件名，然后单击"保存"按钮即可，如图 14-3 所示。

要使用同一名称存储现有书籍，需要选择"书籍"面板菜单中的"存储书籍"命令，或者单击"书籍"面板底部的"存储书籍"按钮，如图 14-4 所示。

图 14-3

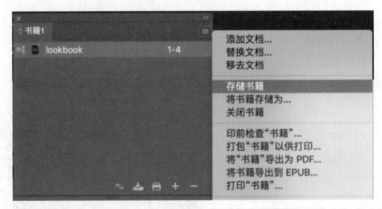

图 14-4

14.2　合并书籍

在"书籍"面板中可以对文档进行添加、删除或者重排。具体操作如下。

（1）在"书籍"面板菜单中选择"添加文档"命令，或单击"书籍"面板底部的加号按钮 ✛ 。

（2）选择要添加的 Adobe InDesign 文档，然后单击"打开"按钮。

（3）如果添加的文档是在 InDesign 早期版本中创建的，则在添加到书籍时会将它们转换为 Adobe InDesign CS5 格式。在"存储为"对话框中，为转换的文档指定一个新的名称（或保留原来的名称），然后单击"存储"按钮。

（4）如有必要，可以将文档向上或向下拖动至列表中适当的位置，以更改它们在面板中的顺序。

（5）选择"书籍"面板菜单中的"将书籍存储为"命令，在弹出的对话框中设置存储位置和文件名，然后单击"保存"按钮，即可合并书籍。

14.3　印前检查

印前检查功能是 InDesign 的一个非常重要的功能，它可以帮助设计师检查各种各样的印前问题，具体操作如下。

选择"窗口→输出→印前检查"命令，弹出"印前检查"面板，该面板上会显示当前文件所包含的问题，如图 14-5 所示。

图 14-5

在"印前检查"面板菜单中选择"定义配置文件"命令，弹出"印前检查配置文件"对话框，如图 14-6 所示。

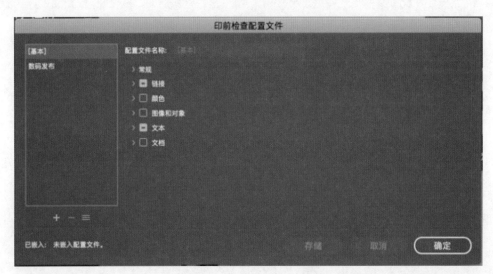

图 14-6

- 链接：确定缺失的链接和修改的链接是否显示为错误。

- 颜色：确定需要何种透明混合空间，以及是否允许使用青版、洋红版和黄版、色彩空间等选项。
- 图像和对象：指定图像分辨率、透明度、描边宽度等要求。
- 文本：显示缺失字体、溢流文本等错误。
- 文档：指定对页面大小和方向、页数、空白页面以及出血和辅助信息区设置的要求。

单击"存储"按钮，可以保存配置文件的更改，然后处理另一个配置文件或单击"确定"按钮，关闭对话框。

在"印前检查"面板菜单中选择"印前检查选项"命令，弹出"印前检查选项"对话框，该对话框可以对印前检查的选项进行设置，如图 14-7 所示。

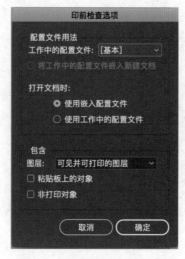

图 14-7

- 工作中的配置文件：选择用于新文档的默认配置文件。如果要将工作配置文件嵌入新文档，可以选中"将工作中的配置文件嵌入新建文档"复选框。
- 使用嵌入配置文件 / 使用工作中的配置文件：打开文档时，确定印前检查操作是使用该文档中的嵌入配置文件，还是使用指定的工作配置文件。
- 图层：指定印前检查操作是包括所有图层上的项、可见图层上的项，还是可见且可打印图层上的项。如果某个项位于隐藏图层上，可以阻止报告有关该项的错误。
- 粘贴板上的对象：选中此复选框后，将对粘贴板上的置入对象报错。
- 非打印对象：选中此复选框后，将对"属性"面板中标记为"非打印"的对象报错，或对应用了"隐藏主页项目"的页面上的主页对象报错。

14.4　打包发布

选择"文件→打包"命令，在弹出的"打包"对话框中，单击"打包"按钮即可完成，如图 14-8 所示。

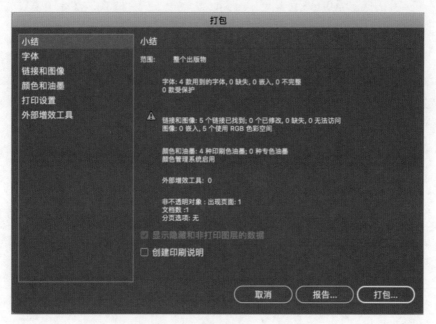

图 14-8

14.5　导出为 PDF

编辑完成后，可以将文件导出为 PDF 格式，可以在计算机上快速预览，在网络上传送或印刷等。

PDF 是一种通用的文件格式，Adobe PDF 文件小而完整，是对全球使用的电子文档和表单进行安全可靠的分发和交换的标准。在 Adobe Reader 中可以对其进行共享、查看和打印。

Adobe PDF 在印刷出版工作流程中非常高效。通过将复合图稿存储在 Adobe PDF 中，可以创建一个编辑者或服务提供商可以查看、编辑、组织和校样的小且可靠的文件。在工作流程的适合时间，服务提供商可以直接输出 Adobe PDF 文件，或者使用各个来源的工具进行处理，如准备检查、陷印、拼版和分色。

当以 Adobe PDF 格式存储时，可选择创建一个符合 PDF/X 规范的文件。PDF/X 又称便携文档格式交换，是 Adobe PDF 的子集，可以消除导致打印问题的许多颜色、字体和陷印变量。PDF/X 可随时用于 PDF 文件作为印刷制作的 Digital Master 进行交换，无论是工作流程中的创作阶段还是输出阶段，只要应用程序和输出设备支持 PDF/X 即可。